乐活·当下

LOHAS

恬·淡

白鹭 编著

山东大学出版社

图书在版编目(CIP)数据

恬·淡/白鹭编著.—济南:山东大学出版社,
2015.10
(乐活·当下)
ISBN 978-7-5607-5297-6

Ⅰ.①恬… Ⅱ.①白… Ⅲ.①人生哲学—通俗读物
Ⅳ.①B821-49

中国版本图书馆 CIP 数据核字(2015)第 142737 号

责任策划:徐琳琳　郑琳琳
责任编辑:徐琳琳
封面设计:张　荔

出版发行:山东大学出版社
社　址　山东省济南市山大南路 20 号
邮　编　250100
电　话　市场部(0531)88364466
经　销:山东省新华书店
印　刷:济南华林彩印有限公司
规　格:700 毫米×1000 毫米　1/16
9.25 印张　92 千字
版　次:2015 年 10 月第 1 版
印　次:2015 年 10 月第 1 次印刷
定　价:24.00 元

PREFACE

前言

有这样一群人，他们关心生病的地球，也担心自己生病，于是发起了一种新的生活运动。他们吃健康食品，穿天然材质的衣物，使用二手的家居用品；他们骑自行车或者步行，练瑜伽健身；他们注重个人成长，听心灵音乐……他们希望以此让自己变得心情愉悦，身体健康，光彩照人。

乐活，就是这样一种追崇身心健康、快乐、环保、可持续的时尚生活的理念与方式，由"LOHAS"音译而来。"LOHAS"是英语"Lifestyles of Health and Sustainability"的缩写，意为健康及自给自足的生活形态。无论是生活方式上的低碳环保，还是心灵深处的静心修炼，乐活都如同清新的空气，给我们当下快节奏、高强度、大压力的生活增添了更多盎然的生机和绿意。崇尚乐活、热爱生活的"乐活族"应运而生。

"当下"则是佛经里讲的最小时间单位。1 分钟有 60 秒，1 秒钟有 60 个刹那，1 刹那有 60 个当下。也就是说，1 秒钟就是 3600 个当下。把时间切到很小很小的单位，当下就是永恒。后来，"当下"这个佛教用语，就被广泛借用于民间了。

于丹说，我们在这个世界上承担重任时，不应像一个苦行僧那样去忍辱负重，而应该快乐地举重若轻。同样是重，为啥不轻盈地把它举起来呢？生命有诸多不如意，人能活着感觉到的就只有当下。我们要把握当下美好的日子，享受当下的每一个时刻；我们要扼住那些倒霉的日子，把它变得美妙起来。我们要果敢地去追求幸福，活着一日就要幸福一日。

乐活，就要在当下！

“乐活·当下”就是这样一套让你每日都乐活的智慧幸福书系，它让你在每一篇小故事中获得很大的幸福。降低自身的欲望，放慢生活的节奏，平缓自己的呼吸，减少浮躁的行动，逐渐体验当下的慢生活、简单生活、宁静生活与悠闲生活的价值与趣味。让笑容回归，让灿烂重现。

乐活在当下，恬淡是首先要做到的事情。然而喧嚣的世界，怎么能容许我们恬淡自在呢？除非我们真的有勇气拔掉插头，不看电视，不听音乐，不上网，不驾车，真正探寻自己内心需要的东西，不依赖于物质，不受诱惑，给欲望一个合适的距离，才不会随波逐流，被物欲扰乱本性，在世俗中迷失自己。非如此，无以恬淡。幸福生活并不是让我们躲进空门，远离尘世。空门不是幸福的终点，尘世亦非万丈深渊。

快乐幸福的生活有时候真的很简单，即不被物欲所累，生活淡泊质朴，心境平和宁静。幸福，人人触手可及，在任何时候都可以“光临”我们。只要我们能做到——恬淡为上，由纷繁复杂回归简单质朴，自在于自然的本相，懂得给欲望一个适当的距离。

乐活在当下，就是每一个人幸福生活的开始。

编者

2015 年 10 月

CONTENTS

目录

第一章

恬淡为上，胜而不美

◎ 蜜蜂与农夫
◎ 圣女和魔鬼
◎ 行坐任荣枯
◎ 侏儒的歌声
◎ 态度的报偿

《老子》说:“恬淡为上,胜而不美。”

“恬”者,心境坦荡愉悦也;“淡”者,视名利如过眼烟云也。

恬淡的境界,才能让一个人耐得住平凡和寂寞,不仰富贵,不卑贫贱。身心处于恬淡的世界里,才能安然于生活,减少欲望带来的烦恼。

蜜蜂与农夫

有这样一个故事：

有三丛灌木，生长在农田里，影响了农夫的耕种，因此农夫就想砍掉它们。

在这三丛灌木里，分别住了三群蜜蜂。当农夫举起斧头对着第一丛灌木的时候，里边的蜜蜂出来了，央求道："当你的庄稼开花的时候，我们边采蜂蜜边帮你的庄稼传播花粉。所以请你不要砍掉这丛灌木，毁掉我们的家园。"

农夫却果断地说："庄稼开花的时候，还会有其他的蜜蜂过来，它们也可以传播花粉。"说完，农夫砍掉了第一丛灌木。

接着，农夫走到第二丛灌木前面，同样举起了斧头。这时候，里边的蜂王带着所有的蜜蜂飞到农夫面前试图捍卫自己的家园。它们对农夫大喊："我们绝不允许你毁掉我们的家园！"这下子惹恼了农夫，他直接在灌木丛中放了一把火，将它们烧得干干净净。

住在第三丛灌木里的蜂王却很聪明地逃过了一劫。它对将要砍掉灌木的农夫说:“这些灌木长大了,您可以卖个好价钱;我们的蜂窝里,每年可以为您带来很多的蜂蜜,也可以得到不错的效益。您是聪明的投资者,何必要断了自己的财源呢?”农夫听完放下了斧头,开始与这群蜜蜂合作经营。

三群蜜蜂的态度不同,结局也就自然不同。聪明者,永远都是要一个双赢的局面;只有那些愚蠢者,才会尽力拼搏地想去找一个只能利己的结局。

生命也是一样，如果总是妄想处处占先，不考虑其他人的感受，最终会失去平衡，无法圆满。

有时候，我们就像蜜蜂一样，忙碌又卑微地生活，不能掌控自己的命运，随时都可能被砍掉赖以生存的那棵树；也不能把握自己的心灵，总是会被一些现实的东西扰乱心灵的平静。

不能悬求命运，也不能放任心灵的动荡，所以，我们便应学会用一种双赢的态度和恬淡的心态去处理遇到的矛盾，自己去打开一种让自己能获得生命的掌控感的新局面。

我们常常向往成功，希望获得更大的荣耀，或者说获得更多的可供利用的自然资源及社会资源，而这些争取和拼搏的过程往往伴随着无数的辛苦和困难。大到国家，小到个人，都是这样。在这样的情况下，如果我们没有与他人共享双赢的态度，人生就会深陷于纷争和混乱，无法达到圆满。

圣女和魔鬼

一天,一位著名的画家决定画一幅圣女画像。

他找了很多的模特,却总也找不到他想要的那种气质纯真、沉静的人,每个人似乎都有生活的烦躁和不安。

经过一番辛苦寻找,他终于在一个很偏远的修道院找到了一位修女。这位修女简直就是当代的圣女,不但气质纯真,而且面容祥和沉静,让人可以想象她的内心是多么恬淡。很快,他就完成了这幅画,并因为这幅画气质独特,让人有一种遥远的宁静感而获得了很高的荣誉。大家都被画家出神入化的画技所折服,画家坦然地说:“正是因为找到了一位真正的圣女,才有这幅圣女画的面世。”

又过了好几年,有人对画家说:“你既然画了圣女,那就应该再画一个魔鬼才对啊!”画家听后十分赞同。但上哪儿去找这样一位气质邪恶的人呢?后来,又是经过一番辛苦寻觅,画家终于在一个地方监狱里找到了一个气质邪恶的女人。他为自己的幸运而高兴，快速地画了起来。

那位犯人看到画家忙碌的样子之后，竟然哭了起来。

画家不明所以地问："你为什么哭呢？"

犯人回答："你以前画圣女找我，现在画魔鬼还找我！"

画家不解地问："这是怎么回事？我的圣女画是以修道院的一位修女为原型的啊！"

这个犯人回答说："我就是那个修女啊！自从你给了我一大笔钱之后，我就离开修道院回家了。每天，我都会去买漂亮的衣服。你说我是圣女，我就认为自己是最漂亮的女人，经常为了满足自己的欲望，做一些不可理喻的事情。当把你给我的钱花光之后，我再也回不到原来的生活了，于是，我就去偷、去抢、去骗……最后案发入狱。"

画家听完这个犯人的回答，震惊得说不出话来。圣女与魔鬼竟是同一个人，纯真、沉静与邪恶可以集于一身？

这是一件让人难以置信的事，但事实确实如此。

一个人的心态有了变化，他的气质以及他的世界也将随之发生变化。一个人既可以是圣女也可以是魔女，皆因她不同的心态、不同的行为所致。

我们任何一个人来到这个世界的时候，都有自己独特的气质，这个气质是一个变化着的东西，它随着你在生活中的态度以及你的心灵的变化而变化。有些人即使没有什么绝世的容貌，却因温柔的态度而让别人感到亲切。有些人虽然相貌粗鄙，却因善良的心而同样使他人感受到纯真的气息。

心灵对你的生活所产生的影响就是这样至关重要。

而在现实生活中，心灵的恬淡、宁静、善良、温柔却往往是最易被我们忽略的东西。走在大街上，常常会听到某位女士问身旁的男士："亲爱的，我漂亮吗？"虽然，喜欢被肯定、追求漂亮是一件很正常的事情，但我们不能仅仅追求那些外在的美丽而忽略那些内在的、美好的东西。

人因心灵而美丽。时光流逝，当我们渐渐老去，皮肤不复娇嫩光泽，眼神不再顾盼生辉，身体不再健康丰满，行动不再婀娜多姿，到那时候，我们将面对怎样的一个世界？

还给心灵一片恬淡吧，唯有这样，我们才能保持真正的美丽，快乐祥和地度过一生。

行坐任荣枯

唐朝高僧药山禅师在得道后收了两个弟子，分别叫云岩和道吾。一天，师徒三人和一位俗姓高的沙弥游山。药山禅师看到一棵长得茂盛的大树和一棵快要枯死的老树，就想试探弟子的修行境界。

于是，药山禅师问道吾说："树是茂盛的好，还是枯死的好呢？"

弟子道吾一口回答："茂盛的好！"

药山禅师接着问云岩："树是茂盛的好，还是枯死的好？"

云岩却说："枯死的好！"

对两个答案都不满意的药山禅师又问那位沙弥："树是茂盛的好，还是枯死的好呢？"

那位沙弥却说："茂盛的任他茂盛，枯死的任他枯死。"

这三人对大树成长、衰亡的三种不同意见，代表了他们对修行的三种不同的态度和方向。后人作偈一首："云岩寂寂无窠臼，灿烂宗风是道吾。深信高禅知此意，闲行闲坐任荣枯。"

人的生命也应如同这大树一样，荣时便荣，枯时便枯。奢望每一件事都能按照自己的设想去发展、“结果”是不现实的。生活当中，闲散、劳碌皆有之，该劳累的时候劳累，该休息的时候休息。

有人问：“生活艰难，如何才能变得容易？”所谓“容易”，也就是有容便有易。容得下生活中的枯，才能易得生活中的甜；容得下生命中的悲，才能易得生命中的喜；容得下人生中的劳累，才能易得人生中的闲适。

对过去的执念，对未来的企求，总是容易掩盖生命的本来面目。其实,人生本应归于纯真,荣其荣,枯其枯,自然、随缘才能摆脱羁恋苦求,不徒增烦恼。

四季有顺序,荣枯皆有时。应于流水,随于清风,才能风起云涌皆是风景。

侏儒的歌声

村里来了一个人——一个近乎侏儒的男人，他不但是个瘸子，还是一个瞎子。他的身体缺陷一直被村里的人耻笑，好像这样的生命就是一个累赘，不如早早了断。直到有一天，一个邻居看到这个侏儒男人拖着一条残废的腿，手里拿着麦克风，站在天桥边上忘情地唱歌。

原来，这个又瘸又瞎的男人，有着一副近乎完美的歌喉，他唱得比很多当红明星还要好。他正在唱老狼的《关于现在，关于未来》，让你不由自主地闭上眼睛，任歌声带你重温"一个温暖的现在"或希翼"一万个美丽的未来"。不得不说，他唱得相当动人。

邻居不由地对这个侏儒男人肃然起敬，于是按照常人的做法，习惯性地掏出了钱，却怎么也找不到钱罐。邻居实在忍不住问他："你每天都来这里唱歌赚钱吗？"

"我来这里唱歌，但不是赚钱。"他微笑着答道。

邻居又问："那你为什么在这里唱歌？"

“只有在这里，才有人听啊。”他快乐地回答邻居。

“可是，听的人多半都是看热闹的，并不是欣赏你的歌声。而且大家都以为你是在乞讨，不过扔给你两个钱而已。”这位邻居又说。

邻居以为自己很残忍地告诉了他一个事实，可这个侏儒男人却并不怎么介意地说：“我知道啊。”然后他继续说，“但是我不在乎。不管别人怎么看、怎么想，唱歌是我的喜好。我虽然瞎了、瘸了，但我依然很感谢老天爷给我的好嗓子。能够站在这里自由自在地唱歌，我觉得十分美好。我知道很多人在看热闹，但是我知道一定也会有人在认真地听我唱歌。”

一个身有残疾的人，他依然能不看低自己，知道生活的目标，努力获得幸福而且满足。他没有因为自己的瘸腿而感伤，也没有因为自己的瞎眼而对生活失去希望。他重视的是自己心灵的快乐，他的心态是那么的恬淡。

反观我们自己呢？

我们五官俱好、身体健康，但我们却是那样容易为生活琐事而烦恼，为那些没有实现的、不当的、过度的欲望而伤心。我们应该不仅能欣赏外在的事物，更能懂得欣赏自己的优点，懂得聆听自己内心的声音。让我们匆匆的脚步慢一些，再慢一些。我们的心灵已经超负荷运转，它需要适当地停下来，恬淡地享受生活。

态度的报偿

有位果农，他家园子里的一棵桃树今年结了不少桃子，果农非常高兴，便摘了一些准备送给别人品尝，让他们一起来分享他的喜悦与快乐。

果农把桃子送给了一个商人。商人一边吃一边说："这桃子不错，一定很贵吧？多少钱一斤？"果农说是自己家种的，不要钱，但是商人不愿意，坚持把钱付给了他。

果农把桃子送给了一位小官吏。他接过桃子后沉吟了良久，问："说吧，你有什么事想找我帮忙？"果农再三表明没有什么事，只是桃子收获了，想让大家都尝尝而已。小官吏一脸的惊诧与不解。

果农又把桃子送给了一位妙龄少妇。她有点惊喜，但她的丈夫在一旁一脸的警惕，并狠狠地瞪着果农，以为果农有什么不良的企图。少妇只好委婉地拒绝了果农的好意。

接着，果农把桃子送给了一位在路上遇见的老人。老人吃了一个桃子后，摸了摸白胡子说了声"真甜"，就头也不回地走了。

那果农却很开心，他终于找到了一个真正能和他一起分享喜悦与快乐的人，一个用恬淡的态度生活的人。

你觉得世界美好，是因为你的内心存在着美好；你觉得世情如霜，是因为你的内心充满了冷漠。处世多一份感恩，待人多一份友善，即使世界浑浊，也可独住守心灵的清净。

用什么样的态度对待生活，生活就会以怎样的态度回报你。给生活以温柔的微笑，生活便还给你恬淡的美好。珍惜所拥有的，不妄念自己所没有的；珍惜爱你的人，原谅伤害过自己的人。不因失去而悲忧，不为仇恨所蒙蔽。

心灵摆脱欲望的禁锢，才会获得生活的广阔天空。以恬淡温柔的心对待当下的生活，少一些私欲，少一些功利，才能得到最温情的乐活人生。

第二章

怡然自安，和气致福

- ◎ 不过是一碗饭
- ◎ 和帽子生气的人
- ◎ 恬淡无忧得甘甜
- ◎ 皆因绳未断
- ◎ 烦恼多自寻
- ◎ 他人品评坦然待

恬淡是心灵的状态，也是一种生活态度。生命短暂，从节奏紧张的生活中拿出悠游的态度来，着实不易。但为了追求更有质感的人生，这是一个很好的选择。

不执着于过去，不纠缠于现在，不担忧于未来，才能获得内心的平静。

抛却贪爱，忘却憎恨，才能没有束缚。

胜利者容易被别人嫉妒和怨恨，失败者则往往会终日生活在烦恼当中。人只有不以物喜、不以己悲，才能怡然自安。

从这一刻开始改进自己的心智，因为人生匆匆，我们不知道什么时候会离开这个世界。

不过是一碗饭

欲望是一个很特别的东西，它既能成就一个人，也能毁灭一个人。

当然，欲望不是天生的，而是在后天的成长当中逐步形成和发展起来的。当一个人对外部的环境和人有一定的认识基础的时候，他就开始形成欲望。

我们每个人生来都是一张白纸，而欲望便是为白纸画上颜色的画笔，不过，控制这支笔的却是我们的心灵。

但是有很多人欲望太过强烈，蒙蔽了他们内心真正的需求，最后使人喘不过气来。因为太多不加限制的欲望，他们心头的负担也就越来越大。

但如果安静下来仔细地想想，我们就会发现，我们所坚持追求的，并不一定是我们内心真正需求的。

有两个年轻人，他们有着令人羡慕的工作，但是他们自己却感觉生活不尽如人意。两人相约一起去山中拜访一位师父。他们对师父说:“师父,我们经常在办公室里受到上司的打压,跟同事们之间的关系也不是很和睦,我们感觉前途一片渺茫。您说我们是不是该辞掉这个工作呢?”

师父并没有着急回答,而是招待他们喝了一会儿茶后,才对两个人说了六个字“不过是一碗饭”,然后就挥挥手,示意两个年轻人该告辞了。

两个年轻人回到公司后,其中一个愉快地递上辞呈回家种田了,另一个却选择在公司继续上班。

转眼之间,十年的时间过去了。那个回家种地的人,因为自身的知识和才能,使用现代化的方法,并改良农作物的品种,成了远近闻名的农业专家。而那位留在公司里继续工作的年轻人,也有了一定的成就。一直以来,他隐忍坚持,不断努力,渐渐地得到了公司领导的器重,被提升为公司的经理。

两人因为感激师父的教诲,便又相约去拜访师父。

见面后,农业专家说:“真是奇怪,当年师父只跟我们俩说了同样的六个字,我当时就悟出了师父所说的含义——只不过是一碗饭的事情,何苦在公司里忍受他人的欺负呢?所以我索性辞职,自己创业。你为什么不听从师父的劝告呢?”

“我当然听了师父的劝告了。”那个做了经理的人说,“‘不过是一碗饭’,师父的意思就是,我们工作也不过是为了这一碗饭,即便受气受累,也不过是为了养活自己。别人说什么由他去,少计较,少赌气。师父说的,不就是这个意思吗?”

两个人因为各自完全不同的理解又去请教师父。

这个时候师父已经年老体衰，他闭着眼睛，大半天才又对两个人说了六个字"不过是一念间"，然后又挥挥手和两人告别。

两人若有所悟，各自离去。

其实很多时候，事情的发展只在一念之间，然而往往就是这样一个念头，让我们的心波动起伏，不能停歇。

很多人受欲望驱使，企图用一块钱去做十块钱的生意，巨大的压力使他们的内心疲惫无比，但他们还是不愿停止。他们无限制地渴求财富、权位、成功、爱情，却造成沉重的心理负担。他们的心沉浸于忙碌，找不到恬淡的路，这样的生活不能给他们带来半分的快乐。拼命累积财富，追求过分的欲望，只会增加心头大石的重量。我们应该倾听内心真正的需求，活出真实的自我，这样不但自由自在，而且有无限的可能。

和帽子生气的人

前两天看到张乐平画的一幅画《对帽子生气》，觉得很有意思。

画中的张咏穿戴好了衣帽出门，他感觉肚子饿了，于是叫厨师煮一碗馄饨来吃。那天，天气闷热，馄饨又滚烫滚烫的。本来张咏的心已经烦躁万分，但那长长的帽带却总是跟他捣乱，不时跑到碗里去。最后张咏把帽子拿下来，塞到馄饨碗里气愤地说："你吃，你吃！我不吃了！"

一个大活人竟然去跟帽子赌气！好笑之余，我就想起了一句古话："天作孽，犹可违；自作孽，不可活。"

社会在飞速发展，时光飞逝，在这个缤纷的世界中，我们总是精心装扮自己，于是在不知不觉中，我们的心因为疲倦而沉睡，而我们与心灵的感应也越来越少。因为我们把真实包裹得太浓、太深，所以我们的心也就渐渐地被迷惑、被遗忘。

于是我们总在夜深人静的时候问自己："人是为何而生？生命的价值是什么？我生活的目的又在哪里呢？"

社会就像一个24小时都在运作的机器,即使是你在睡觉的时候它都不会停止运转。而这个大机器所产生的种种废水、废气、废渣、废料,却会让我们自身的秩序瘫痪、心灵透支甚至破产!在追求自由、人性解放的今天,什么是道德,什么又是秩序?我们总是按社会的运转方式去观察、生存,于是我们的烦恼就开始扩大。

被社会大机器所浸染的我们,变得不易找到自己的心。我们很多人每天忧心如焚,找不出解决之道,但社会这个大机器却永恒不变。当你已经走入迷途时,你有没有发现,误导你的其实是社会对你投射的影像,种种假象就像浓厚的化妆品一样,把事物真实的面目覆盖住了。

洗去妆容,你可以看到自己的本来面目。衣服脏了,可以用清水洗净,但被污染的心要用什么来清洗呢?

《易经》中有"圣人洗心"之说。而所谓的"洗心",就是把心中不干净、被污染的杂念清除出去。我们洗脸要有镜子，以辨别是否洗干净。洗心也一样，也要有镜子。古人说："以铜为镜，可以正衣冠；以史为镜，可以知兴替；以人为镜，可以明得失。"只要风平浪静，则水波不会自兴；水波不兴，我们的心就会澄明如镜，能映照出山光树影，看到自己的本来面目，并从迷失中找回自己。

一颗见钱眼开的心，不会对乐善好施产生共鸣；一颗冷冰冰的心，自然也会麻木不仁。已被污染了的心，不可能去净化别人的心灵，更不可能让自己活得快乐。

所以，要时时刻刻提醒自己，把心中不干净的杂物洗去。虽然它不可能一次就洗净，但只要坚持每日自省，我们一定会拥有通明澄澈的心灵。

恬淡无忧得甘甜

有一个年轻人想学习书法，于是就拜了一位很有名的书法大师为师。但是在学习书法的过程中，这个年轻人总是显得很不开心，这种情况让书法大师甚感不解。

一天，书法大师走到年轻人的书房里，发现年轻人在边哭边写字，地上满满的都是写了字的废纸。这种情形让大师大吃一惊。

书法大师捡起地上的一张废纸，展开之后发现上边写的字还算不错。他不知道年轻人为什么将它扔在地上，于是问道："你怎么把这张字给扔了？"

年轻人擦擦自己的眼泪，看了一下那张纸，答道："这个字写得不好。"

"我觉得写得不错啊。"书法大师又仔细看了看说。

"我自己看着不满意。"这位年轻人又说。

"即使你觉得写得不好，觉得不满意，那你继续努力练习就可以了，又何必哭泣呢？"书法大师不解地问。

年轻人又抹了抹眼泪说："正是因为写得不好，一直达不到完美的境界，我才会哭的。"

书法大师把捡起来的那张纸放在桌子上，问年轻人："你说要追求完美，那么在这个世界上，你能找出来一件真正完美的东西吗？"

年轻人放下毛笔，认真地想了又想，说："没有。"

"年轻人，你总是要追求完美，如果稍有残缺或者不满意，就生气伤悲，这反而更加不完美了。一个人只有在心境恬淡、平静无忧时，才是最接近完美的时候。你这样哭泣生气，又怎么能得到那样的心境呢？没有这样的心境，你怎么可能写出让自己满意的字呢？"书法大师语重心长地说。

听了大师的开导，年轻人若有所悟。他清理了房间地面上所有的纸张，开始平静地练字。从此以后，这个年轻人对书法的领悟果然是日益深刻。

云门文偃禅师曾说："日日是好日。"这个"好"当然不是说每天都是晴朗的天气，而是说每天都要保持一种如春日阳光一样温暖柔和的心态，并用这样的心态来面对这个世界。

其实，没有谁的人生之路是一帆风顺的。恬淡无忧的心态，是对待人生坎坷的一个盾牌。我们既可以用它去抵抗逆境的侵袭，也可以用它去守护生活的甘甜。

皆因绳未断

有个书生去拜访一位智者。在路上，他看到一头牛被拴在田间的一棵树上。书生灵光一闪，想到了一个问题。

到了智者家里，智者热情地接待了这位远道而来的书生。在闲谈的时候，书生想起了刚才的那个问题，于是就决定考一考智者："您是大家公认的智者，拥有常人无法企及的智慧。我现在有一个问题，希望您能为我解答。"

智者欣然答应了。

书生问道："请您告诉我什么是团团转。"

智者想也没想，脱口回答："皆因绳未断。"

听到智者的回答，书生目瞪口呆，对智者的佩服顿时更深一层："您的回答真是太让我惊讶了，您是怎么知道的呢？"

智者听了，问书生："为什么你会惊讶于我给出的答案？"

"我今天来的时候，在路上看到一头被绳子拴着的牛。这头牛的旁边是一大片青翠的草地，它很想去吃草，但是因为有绳子的牵绊,它一直围绕着树转来转去,始终不得脱身。”书生解释说,“我本来想着您没有看见这一幕,我问那个问题,您不一定能回答出来,谁知您一下子就回答对了。”

智者笑了,端起一杯茶,说道:“你问的是一件事,而我回答的却是一个道理。于牛而言,被绳子拴着不能解脱;对人来说,心被琐事纠缠而不得潇洒。这些都是一个道理。”

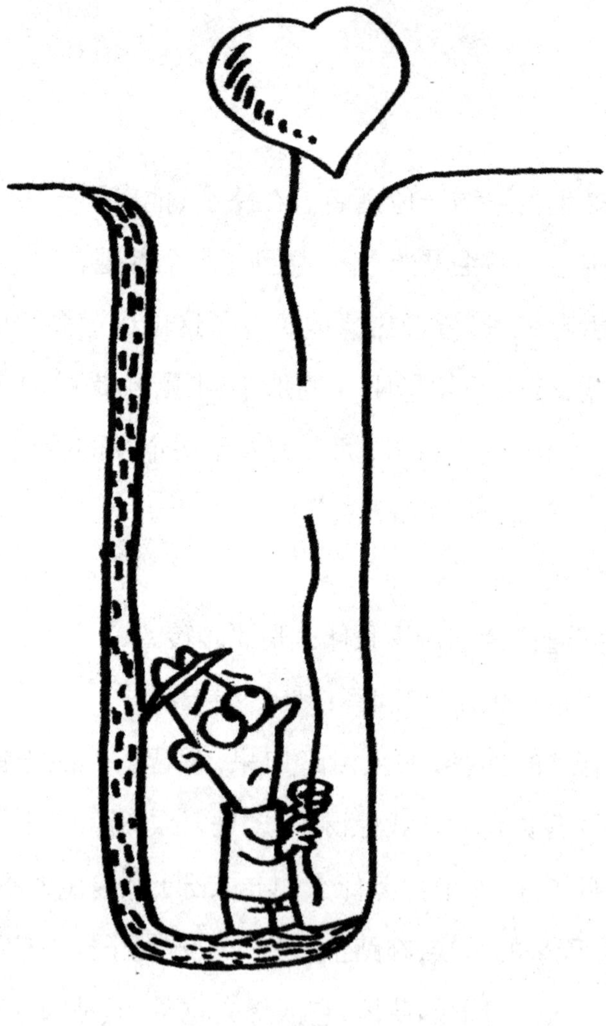

风筝有绳子的牵绊，所以不能飞上万里高空；千里马被缰绳拴住，因而不能自由驰骋。我们人类，又被什么拴住了呢？是金钱，常常让我们日夜难眠；是地位，往往使我们辗转反侧；是名利，时时引我们殚精竭虑；是成败，让我们的生命充满患得患失；是得失，使我们的人生愁肠百转；是爱恨，令我们的生活思虑重重。

那么，快乐呢？我们把快乐放到哪里去了？

那么，幸福呢？我们又把幸福遗忘在了什么地方？

生活中有很多纠纠缠缠的“绳子”，常常使我们偏离快乐的轨道。因为它们的束缚，我们只能在原地打转，永远走不到自己想要到达的目的地。只有挣脱了这些绳子的牵绊，我们才能展翅翱翔，才能纵情驰骋。

烦恼多自寻

一个年轻的农民，要给镇上的居民运送一批农产品。由于正值盛夏，天气酷热难耐，所以农夫十分不情愿。他心急火燎地划着小船，希望赶紧完成运送任务，以便在天黑之前返回家中。

就在这个时候，农民发现对面划过来一只小船。小船行驶得很快，眼看就要与农民的船撞上了，但那只船却丝毫没有绕道的意思。看着如此情形，农夫着急地大声喊道："让开，快让开！再不让开两只船就要相撞了！"但是，尽管农民使出全身力气大喊，对面的小船却丝毫没有理会，继续朝着他撞过来。情急之下，农夫只好手忙脚乱地让自己的船往旁边行驶，企图躲避这只驶来的小船。但是船速太快，两只船还是重重地撞在了一起。

农民气坏了，他等不及对面船上有人下来，便跑过去厉声指责道："你到底会不会驾船?！河面这么宽，你竟然不懂得绕开！"当农夫怒目看向小船内部时，他发现船上根本就没有人，这让农夫很吃惊。

很多时候，你大声抱怨时所面对的，不过是一艘没有乘客甚至没有划船者的空船。人们常说世事艰难，其实它也没有像人们想象的那样不堪。很多事情原本无关紧要，就像是清风吹过天空，寻不着痕迹，但是有的人却习惯让风给自己的心蒙上沙子，徒增郁闷和烦恼。

有一个小和尚跟着老禅师学禅法，但是他坐禅的时候，总会觉得有一只蜘蛛跟他作怪，在他身上乱爬。每一次，他都手忙脚乱地驱赶，但是这只蜘蛛很固执，怎么赶都赶不走。有一天，他把这个困扰告诉了老禅师。老禅师建议他下次坐禅的时候，在身边放一支毛笔，那只蜘蛛再来骚扰的时候，就在它的身上画一个圆圈，等坐完禅，找找这只讨厌的蜘蛛来自什么地方。

小和尚听从了老禅师的建议。不多时，那只蜘蛛果然又出现了，小和尚立即拿起毛笔在它的背上画了一个圆圈。等小和尚坐完了禅，就开始找那只蜘蛛。但是小和尚无论怎么找都找不到，最后却在自己的肚子上看到了一个黑圆圈。

我们常常习惯于将过失推到别人身上,却忘记了从自身找原因。生活中大多数的困扰其实出于我们自身,只是我们自己难以用笔去圈定罢了。

其实,生活中出现的烦恼多是由于我们自己心思过重。很多人往往会自寻烦恼,自己给自己套上枷锁,使自己疲惫不堪。我们应该学会解除这些烦恼,给自己减压,才能活得轻松、快乐。

他人品评坦然待

从前，有两个小和尚，一个姓文，一个姓武。

两个小和尚原本在一所寺庙当中修行，但是两个人都想找到更好的师父学艺，做更高层次的修炼，所以他们打算下山去寻求名师。出发之前，两人做了一个约定：十年后的今天，他们一定要回到这所寺庙，不见不散。

时光匆匆流逝，春去秋来，转眼之间十年就过去了。等到约定的那一天，两个人都回到了当初分手时的那个寺庙。

见了面之后，文和尚问武和尚道："武师兄，你一向是一个努力的人。这十年里，你的功夫一定大为精进了，可以展示一下你的绝技吗？"

武和尚听见文和尚这么问，很骄傲地说："我一直很崇拜以前的一名禅师，所以我找到了他的传人，并拜他为师。我这位老师很厉害，他教会了我'蜻蜓点水'的功夫，我这就让你开开眼界。"

说完，他们就去了山下的江边。武和尚收了一口气，轻轻地提起身子，便浮在了江面上，接着便轻盈快速地向对岸走去。文和尚见了，赶忙跟着看热闹的人一同乘船过了江。到了江对面，武和尚早已在那里等候多时。看着文和尚小心翼翼地走下船，武和尚得意地说道："文师弟，你觉得我的功夫怎么样啊？想必这十年你也练就了不错的功夫吧，赶快让我们大家都开开眼界吧！"

文和尚带着些许惭愧的表情，在周围人期待的目光中低下头，轻轻地说："我没有武师兄这样高超的武艺。我当年拜了一位著名的禅师为师，但是师父只教导我认真吃饭、睡觉，让我只管专心致志地做好自己就行了。就连平日里敲钟、念经，都要毫无私心杂念。师父还教育我，所有的事情都要努力去做，结果则随缘就好。

我曾经问师父这样做的道理，师父说这是‘无上的智能与心法’。其实，我并没有领悟，但是却认真地做了，也不知道自己做得究竟对还是不对。”

武和尚听了哈哈大笑：“你竟然什么技艺也没有学到，这十年岂不是白白浪费了？”

文和尚听了微微一愣，然后认真地问：“武师兄，这十年里，除了这一招功夫，你还练了其他的技艺吗？”

武和尚摇摇头：“没有。”他接着又说：“难道我这十年没有把这招练得炉火纯青吗？”

文和尚回答：“我当然不是这个意思，武师兄的功夫很厉害。但是如果要渡江的话，我花三文钱就可以雇一艘船了，你为什么要花费十年的时间来渡江呢？难道你这招功夫仅仅只值三文钱吗？”

听了这话，武和尚愣了一会儿，但是很快又反问文和尚：“那如果这江面上没有船呢？你该怎么过江？”

这下轮到文和尚无话可说了。

生活中，不存在没有用的功夫，只要你有一技之长，就有能用得到的地方。人不应因自己有才能而狂妄自大，也不要因自己比不上别人而妄自菲薄。安于自己所拥有的一切，淡然于别人对自己的品评，这才是保持平和心境的生活之道。

第三章

淡泊安闲，静以致远

◎ 淡泊之中得名利

◎ 八风吹不动

◎ 人生如种兰

◎ 宁静自守，不忘初心

◎ 净叶不沉

◎ 怀一颗平常心

自由,是一种人生态度,是外界所不能给予的。但人食五谷杂粮,难免有七情六欲,遇事涉及自己的利益时,必当绞尽脑汁以争取。故此,生出烦恼、忧虑、失意、焦躁、落魄……凡此种种,都会剥夺心灵的自由。

如果摆脱不掉这些纠缠,就会终日陷入苦恼,时时感到枷锁的拘囿,没有快乐。

佛教有云:“内心常看圆满,天下便再无缺陷之世界。”

自由只在己心。只要心灵是自由的,纵使给你一副牢笼,也可视若无物。

淡泊之中得名利

据记载，当年乾隆皇帝下江南时，曾来到江苏镇江的金山寺。他看到山脚下大江东去，百舸争流，一片繁忙景象，当真是无比愉悦。想到自己治下竟能有如此繁华的景象，乾隆皇帝不禁好奇心起，想要知道每天有多少船只来往，于是随口问一个老和尚："你在这里住了几十年，可知道每天来来往往多少艘船？"老和尚回答说："我只看到两艘船。一艘为名，一艘为利。"老和尚这简短的一句话，禅机无限。

其实，当今社会又何尝不是如此？人们熙熙攘攘只为名来，匆匆忙忙只为利去，都是在为名利而追逐。

大家都知道，第一个踏上月球的人是阿姆斯特朗。但很多人不知道的是，同他一起登月的，还有一个名叫奥尔德林的人。那张世人皆知的阿姆斯特朗踏上月球的照片，就是出自奥尔德林之手。

当年，有一场专门为这两个英雄举办的欢庆宴会。在宴会上，有一位记者找到奥尔德林，问他："你们两人一起登上了月球，但是大家都在称赞第一个登上月球的阿姆斯特朗。对于这件事,你有什么看法?”

奥尔德林听了之后笑着说:“要知道,我可是第一个从月球返回,踏上地球的人呢。”

只有真正心胸宽广、做到不为名利牵绊的人,才能做出如此巧妙的回答。奥尔德林懂得,真正的成功在于经历,而不在于名利。当记者问起的时候,他原本也可以为自己争辩,向外宣称自己也得到很多赞誉。但是，他没有滞留在世人目光的关注之下，这反而使他得到了世人更多的尊重。

淡泊，不是缺乏理想，也不是没有追求，而是一种“明志”的态度，是一种“致远”的境界。清代文学家张潮在《幽梦影》中说：“能闲世人之所忙者，方能忙世人之所闲。人莫乐于闲，非无所事事之谓也。闲则能读书，闲则能游名胜，闲则能交益友，闲则能饮酒，闲则能著书，天下之乐孰大于是？”这里的“闲”指的并不是无欲无求的生活状态，而是要我们抛却无谓的执念。只有这样，我们才能心境平和，没有牵绊地追求内心深处真正渴求达到的目标。

一个人只有停止追求过度的功名利禄，才能让自己的心得到安闲，也才能使自己不为物累，享受美好的生活。

八风吹不动

大文豪苏东坡不但在文学上造诣颇深，而且热衷于修禅。

有一天，苏东坡在修禅的时候突发灵感，得到了一个妙句。于是，他走到书桌前面，拿起毛笔写了一首诗："稽首天中天，毫光照大千，八风吹不动，端坐紫金莲。"

这首诗的意思就是，一个人不管是身处顺境还是逆境，不管是受到别人的夸赞还是诽谤，都要能保持安危不动的态度，都要泰然处之。

写完之后，苏东坡凝视着这首诗，越看越觉得饱含禅意。此时，他想起了自己的好朋友佛印禅师。苏东坡向来喜欢与佛印斗禅，但是每次都会输于佛印。为此，佛印禅师总说他只懂得在文字上下工夫。想到这儿，苏东坡就叫来自己的仆人，命他把自己写好的这首诗交给佛印，并一定要让佛印禅师回诗一首。

仆人马不停蹄地赶到佛印的住处，把苏东坡写的诗句交给了他。佛印打开纸张，不自觉地将眼光停留在"八风吹不动"上。接着，他问送诗的仆人：“这是你们家老爷亲自写好命你送于我处的吗？”仆人点头称是，并说：“老爷交代务必请禅师回诗一首。”

佛印禅师听了，走向自己的书桌，然后挥笔写了一首诗。他将这首诗折好，交给仆人：“你把这首诗带给东坡吧！”

看到仆人带着佛印写的诗回来，苏东坡迫不及待地打开纸张，只见上边写着“放屁”。苏东坡看了很生气，心里想：“我今日里修禅修得精进，作诗作得精妙，你竟然说我是在放屁，好你个佛印！”接着，他就拿着诗怒气冲冲地去找佛印评理去了。

到了佛印禅师那里，苏东坡直言问道："我这首诗写得殊妙无比，你为什么说我是在放屁？"佛印笑着回道："居士自言'八风吹不动'，怎么？我这一个'屁'字就把你吹过来了？"佛印这么一说，苏东坡顿时哑口无言，接着他摇头大笑，并对佛印说："真是惭愧！原本想这次一定要赢了你，结果还是输了啊。"

"人生不如意事，十之八九。"真正能做到"八风吹不动"的能有几人？兴衰成败、利益得失、悲喜荣辱，哪一项不是世人的牵绊？心如明镜，当一个人的内心被名利充斥，就如同给镜子蒙上了一层灰尘，失去泰然自若的心态。生命难得是淡然，由它风卷大浪，我自保持"八风吹不动"，才能在各种困难和挑战面前保持蓬勃旺盛的活力，不断攀登人生的高峰。

人生如种兰

在一座寺庙里，住着一位老和尚和一位小和尚。有一次，老和尚的朋友送给他一盆名贵的兰花，老和尚十分喜爱，对它照顾有加。在他的精心照料之下，兰花终于开花了。盛开的兰花清秀可人，香气四溢。

有一天，老和尚要外出云游，于是将兰花交给小和尚照料。小和尚知道老和尚很重视这盆兰花，于是不敢有丝毫的怠慢。兰花在小和尚的精心照看下，继续开着美丽的花朵。

一天，小和尚将兰花放到窗台上晒太阳，然后就下山去忙其他的事情去了。等到他回到寺庙，已经很晚了。疲累的小和尚躺在床上就睡着了，忘了把窗台上的兰花收回屋子里。不料，当天夜里刮起了狂风，下起了暴雨，把那盆开得正盛的兰花打翻在地。

第二天，小和尚才想起那盆兰花，于是赶忙去查看。兰花的花盆已经破了，盆里的泥土也差不多都被雨水冲走，只剩下些许残花败叶。看到眼前的情景，小和尚既心痛又害怕，担心老和尚回来会责骂他。

几天过后，老和尚在小和尚的日夜惶恐中回来了。小和尚惴惴不安地向老和尚讲述了兰花的事，但是老和尚听后什么也没说，只是轻轻点了点头，示意自己已经知道了。

以为会受到责骂的小和尚不解地问："你最心爱的兰花没有了，你为什么不责怪我呢?"

"我种兰花并喜爱它们，是为了让它们给我带来好心情，可不是为了生气啊!"老和尚答道。

故事中的兰花，代表我们珍爱的很多东西。每个人都有自己最喜欢的那盆兰花，我们时时刻刻对它精心培养，细心照料。但是，生活中总有我们预料不到的风风雨雨。一不小心之间，我们的兰花就有可能会被风雨摧毁。面对这种情形，有多少人会捧着破碎的残片伤心哭泣？有多少人会怪罪别人的失误？又有多少人可以像老和尚那样在一笑之间忘却悲忧？

一封情书，一份工作，一件珠宝，也或许是其他种种，其中总有一种，是令我们爱不释手、无法割舍的。只是要记住，兰存，则嗅其香赏其美；兰没，则顺其去随其缘。如此便好。

宁静自守，不忘初心

有一个书生去海边的书院拜师学习，先生见到他什么也没说，就带着他到海滩上散步。广阔的海面上，波涛汹涌，白浪滔天。

书生和先生站在海边的岩石上，先生问书生："面对着波涛汹涌的大海，你想到了什么？"

书生望着海面说："广阔的大海让我想到了自己的内心，翻滚的波浪让我想到了自己躁动不安的思绪。"

先生点点头说："是啊，一望无垠的大海好比人的内心，那汹涌的波浪就是人的思绪。可是，大海之水原本是平静的，因为有风才会翻滚；心本如海中之水，原本也是平静的，只是过多的欲望和恐惧让它变得躁动不安。"

"心如行驶在水面上的一叶扁舟，随波而浮，逐浪而流，轻易改变最初的方向，这才是最可怕的啊！"书生感叹道。

"茫茫人海，芸芸众生，皆是如此随波逐浪而不自知。过多的贪念和私欲，往往会让内心翻滚如狂风搅动的大海，让心舟失去方向，甚至沉没。”先生继续说。

书生听了，赶忙鞠躬行礼道：“我愿意跟随先生，只盼能坚守自己的理想，不忘初心。”

“若想要大海平静，不在于控制大海本身，而在于阻止风的搅动。对于心来说，要想守得本真，就要隔离轻薄浮躁的情绪，保持宁静的心态。不要让这些东西控制你的内心，而是要学会用心去控制这些东西，只有如此，才不会迷失本心。”先生捋着自己的胡须说道。

书生恭敬地行礼道：“只是大海之上的风谁能阻止？我们又当如何止住内心的风呢？还请先生多多提点。”

先生道：“风存于心，欲望亦存于心。把握内心，做心的主人，自然能控制内心的风动。”

克己之贪念，祛心之邪风，一个人才能清净悠然，把握自己的人生。

净叶不沉

燃灯寺的释济大师不但有仙风道骨的姿容，而且非常有智慧。

一天，一个年轻人不远万来里到燃灯寺，对释济大师诉说自己的烦恼："大师，我一直秉承耕读传家的祖训，分毫不敢怠慢。平日里我也一直严于律己，不传播流言恶语，不招惹是非恩怨。但是不知道为什么，总有一些人来诽谤、诋毁我。我一直忍受着这些恶言恶语，现在我实在是忍不下去了，但还是不知该怎么办才好。恳请大师让我留在这里。"年轻人说完深深一拜。

释济大师听完之后，笑着对年轻人说："施主请随我来，我带你去看自己的未来。"接着，二人便来到一条从寺庙中穿过的小河边上。

小河两岸种满了菩提树，释济大师顺手从树上摘下一片叶子。接着，释济大师让一个小和尚取来了一个木桶和一个水瓢。大师将木桶放在河边上，然后拿着叶子对年轻人说："这是一片净叶，施主平日里不沾染是非恩怨，就如同我手里的这片叶子。"说完，释济大师将叶子丢在了身旁的木桶里，指着木桶又对年轻人说："现在，施主遭遇了诽谤和诋毁，是不是就像这片陷入桶底的净叶一样，深陷在尘世的苦井当中了呢？"

年轻人点点头赞同地说："是啊，我就像是这桶底的那片树叶啊！"

"施主请看，"释济大师拿起水瓢，从小河里舀出一瓢水，"这一瓢水，就好比别人对你的诽谤。"说着他把水倒在了木桶里，"这水倒进桶里，是企图打沉你。"年轻人看着木桶内，只见桶内的那片净叶转了几个圈之后，静静地浮在了水面上。

然后，释济大师又从河里舀了一瓢水："这仍旧是别人对你的一句句诋毁，目的还是要将你打沉，这水倒进桶里又会怎么样呢？”说着又利落地将水倒在了桶内的树叶上，只见那片树叶旋转着晃了晃，依然安静地停留在了水面上。

“施主悟出了什么道理？”释济大师问年轻人。

年轻人又看了看桶里水面上的那片净叶，对释济大师说：“桶里的水越来越深了，净叶却完好无损，而且随着水位的升高，树叶离木桶口越来越近了。”

释济大师微笑着点头，接着又舀了一瓢水，“哗”的一声浇到了树叶上：“流言蜚语就像是这瓢里的水，是无法击沉这一片净叶的。净叶抖落这一瓢瓢倒在它身上的水，不仅没有被它们击落在桶底，反而越来越接近桶口。这原本沉在渊底的净叶，借助流言蜚语的打击，会使自己渐渐漂升。”释济大师一边说着话，一边不停地往桶里舀水。每一次，净叶都能不屈不挠地漂在水面上。终于，借助这些水，它到达了桶口。

“师父，我明白了，您是说负面的力量也可以助我们走出困境。”

大师没有说话，只是望着桶里的树叶感叹说：“如果再有一些诽谤诋毁就更好了。”

年轻人这下不明白了，不解地问：“大师何出此言？”

释济大师未作解释，又舀了两瓢水倒在了桶内。桶里的水溢了出来，那片净叶也随着水流了出来，漂到了桶旁边的河流里，然后又随着流水漂向了远方。

释济大师放下手中的水瓢，转身对年轻人说：“大量的流言蜚语、诋毁诽谤，使这片净叶跳出了桶底，并且让它随着河流漂向了远方。这条河通向的是大河、大江，最终将会注入大海，树叶随着它也就会到达更为广阔的世界了。”

一番话让年轻人了悟，他兴奋地说：“多谢大师指点，我终于明白了。一片净叶是不会被水淹没在水底的，那些诋毁诽谤和流言蜚语，也只会将纯洁之心洗涤得更加纯洁！”

若心如净叶般纯净，那么还有什么东西能把它击沉呢？即使将它埋入山岩，它也会破石而出，展现出青翠的身姿；即使将它丢入泥沼，它也会开出圣洁的花朵。

怀一颗平常心

惠泉禅师到大觉寺讲佛法，因为他德高望重，所以前去听经的人很多，常常把法堂挤得水泄不通，有些信徒只好坐在法堂的外边听经。天气好的时候还行，遇到刮风下雨天，坐在堂外的信徒就遭罪了。于是，有人建议修建一座更宽敞的法堂。只是寺院清贫，信徒又都不富有，所以缺少建法堂的资金。

一天，一位富有的商人来到了寺里，他将携带的八百两银子送给了惠泉禅师，让寺院用来修筑法堂。惠泉禅师欣然接过商人送来的银子，然后就走开，去忙寺中的其他事情了。

商人却开始不满了，他抱怨惠泉禅师对自己态度冷淡。要知道，这八百两银子可是自己用一年的时间辛辛苦苦做生意得来的。可是惠泉禅师接过银子，连一句“谢谢”都不肯说。

商人越想心里越气愤，于是跟上惠泉禅师，含蓄地提醒说：“禅师，我送给您的那个袋子里，可是有八百两银子呢！”

惠泉禅师没有停下脚步，只是漫不经心地说：“你刚才已经说过了，我知道。”

商人心里急了，大声说道：“禅师，我可是一次就捐出了这八百两银子。八百两可不是个小数目，可是您连一句‘谢谢’都不曾说过。”

这下，惠泉禅师终于停下了脚步。他走到商人面前说：“你这个人真是啰嗦。你这钱是捐给佛祖的，为什么让我感谢你呢？建造法堂是积累功德的事情，你如果把它也当作你的生意，那我只好替佛祖向你道一声感谢。现在，你把这些感谢带走吧，这样一来，你跟佛祖之间就银货两清了。”说完这些话，惠泉禅师再次大步离开了。

商人站在院子里，一脸的茫然。不过，很快他就了悟了。

我们做事情的目的是为了把事做成，但如果目的性或功利性太强，就失去了其本来的意义。怀着一颗平常心，不去计较太多，也许得到的会更多。

第四章

无拘无束，心神自由

- ◎ 挣脱内心的枷锁
- ◎ 修剪自己的欲望
- ◎ 各有安宁
- ◎ 换个颜色又何妨
- ◎ 飞越生死

众鸟高飞尽，
孤云独去闲，
相看两不厌，
只有敬亭山。
——李白

生命之中有孤寂，有落寞，有惆怅，可是我们的心总要有一个栖居的地方。这个地方可以让迷茫的心灵找到方向，也可以让孤寂的灵魂找到归宿；这个地方可以让心不再漂泊，也可以让灵魂得以停驻。

对于孤寂的李白来说，一座于寂静之中独立的敬亭山，便是他真正的知己，便是他可以栖居的寓所。在这里，他可以找到自己欣于接受的景色和情感。一个人，可以不喜欢城市的喧闹，可以不欣赏霓虹的闪烁，但一定有一个地方，有一种境界，可以让他沉醉，让他微笑。

挣脱内心的枷锁

上帝到人间巡视，看到一只漂亮的鹦鹉被锁在一个笼子里。笼子很狭窄，几乎没有能让鹦鹉自由活动的空间。上帝很同情鹦鹉的处境，于是决定帮助它。

“如果你愿意的话，可以跟随我到天堂里生活。”上帝对鹦鹉说。

“我为什么要到天堂里去呢？”鹦鹉问道。

“天堂里很美好，是很多人都向往的地方。那里宽敞明亮，还有各种各样的美食。”上帝向鹦鹉描述天堂的好处。

鹦鹉思考了一下，说：“可是我在这里也不错啊。没有风吹日晒，冬天不冷，夏天也不热，吃喝拉撒全部由主人一手包办。而且，我每天还能听见人们的交谈，能听他们唱歌或者讲故事。这样的日子，还不错。”

“但是，你拥有自由吗？”

这个问题让鹦鹉沉默了。在这个狭小的笼子里，它的确没有自由可言,甚至它从来没有从笼子里出来过。为了体验自由的感觉,鹦鹉跟随上帝去了天堂。

到了天堂,上帝派人给鹦鹉安排了住处,之后就去忙自己的事情了。日理万机的上帝,很快就将鹦鹉遗忘在了脑后。一年过去了,上帝突然想起自己带到天堂的鹦鹉,于是便前去看它。

鹦鹉住的院子很大,上帝到了那里之后,发现偌大个院子里只有鹦鹉独自在晒太阳,他问鹦鹉:“自从我把你带到天堂以来,你过得怎么样啊?”

“我一直过得很不错,这要多谢谢您了。”鹦鹉回答说。

上帝又问:“你在这里生活了一年,能谈谈自己的感受吗?”

“这里是一个不错的地方,吃穿住行都很好。但是这里地方太大了,几乎找不到边沿。”鹦鹉叹口气说,“最让我受不了的就是,这里竟然几乎见不到人。没有人可以跟我说话聊天,终日里只有孤寂。这使我无法忍受,请您把我再带回人间吧!”

真正的自由,不是拥有巨大的空间,而是解除自我的束缚,得到精神上的超脱。真正的自由,不是拥有很多的物质财富,而是生活在自在安然的环境当中,得到心灵上的抚慰。如果一种环境无法给人带来快乐,那么即使它再优美,也不是自由的天堂。

修剪自己的欲望

一位德高望重的禅师被请到一家寺院里当住持。到达寺院以后，禅师查看周围的环境，发现寺院的四周长满了杂乱无章的灌木。于是，禅师找来一把剪刀，不时地去修剪这些灌木。半年过去了，那些灌木渐渐变成了好看的半球形状。

一天，一位衣着光鲜的香客来到了寺院，禅师亲自接见了他。在交谈之中，香客被禅师的智慧打动了，于是决定向禅师请教一直以来困扰自己的问题："大师，一个人该怎样去控制自己的欲望呢？"

禅师听了，拿起自己平时修剪灌木用的那把剪刀，对他说："请施主随我来。"

禅师把香客带到了寺院的墙外，指着自己已经修剪好的灌木说："施主，您只要像我这样反复去修剪灌木，就会找到答案的。"

香客对禅师的话虽然表示疑惑，但还是接过剪刀，开始修剪灌木了。

大约过了一炷香的时间，禅师问这位香客："您现在感觉如何？"

香客回答说："感觉比之前轻松自在多了，但是平日里扰乱心神的欲望并没有消失。"

"这没关系，刚开始的时候都是这样，您只要坚持修剪就可以了。"禅师解释。

"那么我十天之后再来。"香客将剪刀还给禅师，然后下山去了。

十天之后，这位香客果然又来了，依然是用了一炷香的时间修剪灌木。就这样，每过十天，这位香客就会来寺院修剪灌木。三个月过去了，灌木已经差不多被修剪成了佛塔的形状。

这一天，正当他准备离开的时候，禅师过来问他：“施主现在懂得如何控制欲望了吗？”

这位香客听后，面带愧色地对禅师说：“我很愚钝，每次上山修剪灌木的时候，都觉得内心充满了轻松愉悦，没有丝毫的挂碍。可是，一回到我的生活当中，那些欲望就会如同雨后春笋一样冒出来。”

禅师听后笑了笑，让他离开了。

又过了一段时间，香客修剪的灌木已经变成了完美的佛塔形状。这时，禅师又问了他同样的问题。香客依旧很惭愧地说：“我很愚昧，还请禅师教诲。”

“一直以来，我让您修剪这些灌木，只是希望您能够发现，被剪去的那一部分还会再长出来。我们的欲望也是如此。您不能指望找到一种方法来完全消除欲望，我们能做的就是经常修剪。当您放纵欲望的时候，它们会如同这些疯长的灌木，丑陋而杂乱无章；但是如果您能经常修剪的话，它们也能变成美丽的风景。就像名利和金钱，只要取之有道，用之有度，就不会束缚人的心灵。”

神秀禅师曾说过：“时时勤拂拭，莫使惹尘埃。”我们每个人都应该手握一把剪刀，时时修剪自己欲望的枝枝杈杈，拒绝那些旁逸斜出的丑陋之态。

各有安宁

著名的日照禅师是南方人，他不但喜欢周游各处的名山大川，而且很喜欢种植花草树木。在通往他所住的寺庙的山路上，日照禅师种满了各种各样的奇花异草。

一天，日照禅师带着自己的两个徒弟在山中巡视，中途的时候他们坐在路旁的一块大石头上休息。石头的旁边长了一棵高大的树，为了这棵树的品种，两个徒弟起了争执。

甲徒弟对乙徒弟说："这棵树是香樟树，大概已经生长了 30 年了。30 年的时间长这么粗，真是长得很快啊！"

乙却不赞同，他对甲说："你说的不对，这明明就是牛樟树，应该还不足 30 年。"

"你闻一下这树叶的香味，就会知道是香樟树了。"甲辩解。

"牛樟树也有香味啊，这明明是牛樟树的味道。"乙仍旧不同意甲的观点。

就这样，两个徒弟你一言我一语，为了证明自己的说法正确，互不相让，争得面红耳赤。但是坐在旁边的日照禅师却始终没有发表自己的看法。

经过一番争论，甲徒弟决定让日照禅师来作个评判。他转过头对禅师说："师父，这棵树是您以前种下的，您一定知道这是棵什么树。这棵树一定是香樟树吧！"

日照禅师却说："我的耳朵聋了，听不到你说什么。"

听到师父这么说，甲顿时愣住了。这时候乙徒弟也开始问日照禅师："师父您看，这周围有许多这种树，这不就是您以前种的牛樟树吗？"

“现在我的眼睛看不见了。等到我的眼睛复明的时候，再告诉你答案吧！”日照禅师回答。

两个徒弟这下都疑惑了。师父明明眼睛和耳朵都好好的，为什么要说自己耳聋眼瞎了呢？二人停止了争论，面面相觑。他们忍不住好奇地问日照禅师：“师父为什么这么说呢？”

日照禅师从坐着的石头上站起来，似乎在自言自语地说：“一切随它去吧！”

树本来平静地生长在路边，与世无争地活着，但是两个徒弟却为了它的名字而争论不休。当争论不下时，他们还要请自己的师父来给他们作评判，结果失去了原本的平静。人种树是为了得到便利，但是这时却得到了烦扰；树生长是为了增添世间的景色，但这时却引起了纠纷，从而违背了栽种它们的初衷。

造成这种结果的，其实是人的固执。人被胜负之心拘束，便有了相争，便使得身心都不得安宁。“一切随它去吧”，放弃那些没有实在意义的争执，专注于事物的本质，才能真正脚踏实地，达到最初的目标。

换个颜色又何妨

有一个女孩，在她刚刚参加工作三个月时，公司要做一个促销大会。令她没有想到的是，老总让她负责这次大会的促销方案。眼看就到年底了，老总跟她说，公司员工的过年福利，取决于这次大会的收获。虽然公司给她派了一个助手，但是助手也是一位新人。

老总的决定，不仅使这个女孩自己吓了一跳，也使公司的其他员工都惊呆了。大家都知道，促销大会一年举办一次，每一次公司都十分重视。这么重要的任务，老总怎么会这么轻易地交给一个刚过试用期的年纪尚轻的女孩呢？虽然有人提出了反对意见，但是老总却仍然坚持自己的决定。

晚上回到家，女孩躺在床上翻来覆去睡不着觉。尤其是有人告诉她，她的那位助手是老板的亲戚，更令她心里充满了疑惑。女孩心想，老总肯定觉得自己不能胜任这个任务，只是想以此为借口赶走自己罢了。况且，即使自己成功了，那么功劳说不定也只会算在助手的身上；如果真的失败了，那么背黑锅的也只能是自己。女孩越想越觉得自己划不来，也就不想再认真工作。

连续几天，女孩都被这些问题困扰着，失去了平日里的笑容。她的妈妈把这一切都看在眼里。一天吃了晚饭，她忍不住问女儿原因。被这件事纠缠的女孩，把自己心里的不满和不平一股脑都说了出来。妈妈听了以后，示意她到自己的房间里去。

女孩跟着妈妈走到房间，妈妈打开衣柜拿出了一件粉红色的大衣。女孩认得这件衣服，这是她和妈妈一块儿看中的。但是因为当时没有她喜欢的绿色，所以没有买，不知道妈妈什么时候买了这一件粉红色的回来。

“这是我今天去买回来的，你穿上试试看。”妈妈把大衣拿给女孩。

女孩看着衣服，为难地说：“妈妈，你知道我喜欢绿色，不喜欢粉红色的。”

“我知道，但是买都买回来了，你试试看啊。你这个年龄的姑娘，很适合穿粉红色的衣服。”妈妈执意让她试一下。

女孩无奈，只好拿过衣服试穿。当她把衣服穿上之后，妈妈笑着把她推到了镜子前面。站在镜子前的那一刻，她自己都惊呆了。粉红色的衣服，衬得她的皮肤越发白皙照人，而且让她显得更加娇俏可人、水灵可爱。

“你看，粉红色其实比绿色更适合你。我知道你喜欢绿色，觉得它有生命力，但是粉红色却有另一种美。你习惯了固定思维，但其实生命本应该多姿多彩，而你却把其他的颜色抹去了。”妈妈走到镜子前对女孩说。

“其实，工作和衣服一样。当你买衣服的时候，如果看上了款式却没有喜欢的那个颜色，那么换一种颜色又何妨？你们老总让你负责这项工作，也许是他不想再任用那些老员工。因为他们容易走固定的模式，使得每一年的促销会都大同小异，收不到好的效果。那些有经验的人，就像你执着于自己喜欢的绿色一样。用新人，说不定才能得到意想不到的效果。你也不要用寻常的想法去揣测老总的意思。如果喜欢这份工作，那么就好好做，多换几种方式，可能就会有合适的办法。”妈妈笑着说。

听了妈妈的话，女孩心里的困惑消失了，阳光顿时溢满了心房。

人生当中，不管遇到什么事情，都要给自己多一点选择空间。当一种颜色穿在身上不够理想时，换个颜色试试又何妨？

飞越生死

有一个和尚，自从出家以来，一直潜心修禅，却始终不能得到禅悟。而那些比他晚来的师弟，都在禅道上有了很大的精进。

和尚眼看着其他人的进步，越来越觉得自己没有佛缘。他觉得自己既缺乏智慧，又不够灵巧，始终是不能步入禅门的。于是，他决定离开寺庙，做一个云游僧。这天，他打点好自己的行囊，准备离寺远行。临走前，他去禅堂找寺里的方丈辞行。

和尚惭愧地对方丈说："师父，我皈依在您的座下参禅学道已经有十年了，但是却辜负了您的教导。对于禅道，我始终不能有所领悟。我觉得自己实在没有修习禅道的天赋，所以特意向您辞行，准备到他处去云游。"

对于弟子的决定，方丈很惊讶，于是问道："没有对禅有所领悟，就要离开吗？难道你去他处云游，就可以得到一些觉悟吗？"

"师父，入寺以来，除了每天必备的吃饭、睡觉等事情之外，我都认真地修持禅道。但是无论我怎么用功，总是无法进步。而其他的师兄弟们,都寻到了禅道的契机。这些失败,让我的内心深处萌生了倦怠感,因此我决定去做一个云游僧。”和尚诚恳地回答。

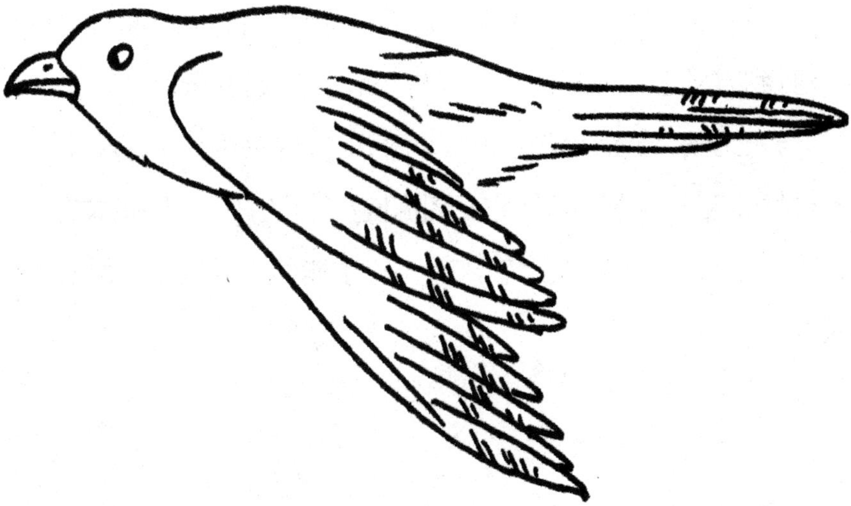

方丈听后微微笑了,接着开导道:“觉悟是一个人内在本性的外在显露,只可意会不可言传,是学不来急不得的。别人的境界是别人的,你修你的禅道就好,不相关的两件事何必混为一谈呢?”

“方丈有所不知,我总是忍不住跟他们相比,这么一比,就有一种小麻雀见到大鹏鸟的惭愧。”和尚继续说。

“何谓大？何谓小呢？”方丈问。

“他们是大鹏鸟，一展翅就能飞越千里；而我是小麻雀，只能囿于几丈的草地之上。”和尚更加惭愧了。

“大鹏鸟虽然可以一展翅飞越千里，但是它们能飞越生死吗？”

听到方丈意味深长的问话，和尚沉默了，略有所悟。

与人比较，与人计较，往往是人们烦恼的来源。大鹏鸟与小麻雀，虽然速度有快慢，但是它们都超越不了生死。生命本是平等的，转变心态，不要处处比较和计较，才能体会自由，获得心灵的平静。

第五章

放下痴妄，方得自在

◎ 放下的智慧

◎ 放下你的身份

◎ 不要太在乎自己

◎ 包容让心更大

◎ 不必羡慕另一只鸟

自在，不但是一种态度，还是一种感悟。

人生之中，有舍有得，有放有收。

想要有自在的心境，就要懂得去感悟人生。

我们应留住的不仅是情怀，还有态度。

谦逊自持、虚心、包容……

只有时时保持一颗平常心，我们才有机会尽览世间大好风光。

放下的智慧

刘墉先生曾经讲过这样一个故事。

寺庙里新来了一个小和尚。寺院里的一切都吸引着他，勾起了他强烈的好奇心。

秋天到了，寺里的树叶红了，秋风吹来，红叶漫天飞舞。小和尚看着这些美丽的红叶，跑去问师父："师父，红叶挂在树上是那么美丽，为什么会落下来呢？"

师父笑着告诉他："冬天要来了，天气越来越冷，树木支撑不住那么多的叶子，只好舍弃。"

"这么美丽的叶子，树木不应该放弃。"小和尚感叹道。

"这不是放弃，这叫放下。"师父解释说。

冬天终于来了，水面开始结上一层薄薄的冰。

一天，小和尚看见师兄们把院中水缸里的水全部倒掉，并且将水缸倒扣在地上。这一幕让他很惊异，他赶忙又跑去找到师父问："师父，好不容易挑满的水，为什么要倒掉呢？"

师父笑着说："寒冷的冬天会让水缸里的水结冰，水结冰之后会膨胀，膨胀之后就会把水缸撑破，所以要倒掉里面的水。"

小和尚看着倒扣在地上的水缸，点点头，说："这下水缸里真的是空空的了。"

师父摇摇头说："这不叫真空，这是放空。"

时间进入深冬，天寒地冻。下过雪之后的山路更加难走，来寺院烧香拜佛的人少了很多，随之减少的还有寺院的香火收入。小和尚看着冷清的寺庙，慌忙地跑去问师父："师父，香客少了，寺院里的收入也不断减少，这样下去如何是好？"

师父瞪了小和尚一眼："你缺少吃穿用度了吗？"小和尚摇摇头，师父继续说："你去看一看衣柜，里边还有多少衣服。再去厨房里看一看，咱们还有多少食物。不要总是想着那些我们没有的东西，而忽略我们已经拥有的东西。冬天会过去，春天总会来。苦日子会过去，好日子总会来。所以，你要放心，静下心来吧。"

小和尚松了一口气，说："那我不担心了。"

"当然，让你放心，并不是说不用心。"师父补充说。

斗转星移，冬天终于过去，迎来了生机勃勃的春天。积雪融化的雪水，滋润着新生的植物，万物蓬勃，春花烂漫。寺院里的香客逐渐多了起来，香火旺盛更胜于往年。

一天，师父召集了所有的弟子，告诉他们他将出门云游，并交代完一些必要的事情后，便下山去了。望着师父将要走出院门的背影，小和尚着急地追上去，问道："师父，您离开了之后，我们该怎么办呢？"

师父踏出院门，笑着对他挥挥手说："这一个冬天里，我让你们放下、放空、放心，你们能做到这些，我已经能够放手了。"

小和尚恍然有所悟。

人生之中，有舍有得，有放有收，才能自在地畅享生活。

放下你的身份

守端禅师的师父一天骑着驴过桥时，驴的脚陷到了桥上的缝隙里，他被摔了下来。之后他得到了感悟，于是吟诗一首："我有神珠一颗，久被尘劳关锁。今朝尘尽光生，照破山河万朵。"守端非常喜欢这首诗，便把它牢牢地背了下来。

一天，守端禅师去拜访方会禅师。方会禅师就问他："听说你师父过桥的时候因为被驴摔下来，开怀大笑后得一妙诗。你知道吗？"守端禅师不假思索地把那首诗背了出来。方会禅师听后大笑，然后起身走了。

守端禅师对方会禅师的笑非常愕然，怎么都想不出原因。

第二天一大早，守端禅师又去拜见方会禅师，问："您昨天听了那首诗，为什么会大笑？"

方会禅师反问："昨天有个为了驱邪而演出的小丑，你看到了吗？"

守端禅师回答："看到了！"

方会禅师接着说："你比不上他啊！"

守端禅师听后马上问："您这样说是什么意思？"

方会禅师回答："小丑喜欢被别人笑，而你却怕被别人笑啊！"守端禅师听后马上得到领悟。

这个世界真的很奇怪，我们生活在其中，与别人之间的关系就像一棵长满问题的树。世上有千百种人，彼此关系变幻莫测，让人眼花缭乱。人与人之间相处，总有可能会被别人取笑，但你要放下自己的身份，坦然地接受它。因为如果你接受不了一次嘲笑，就会受到更多的挑剔和攻击。

有一位企业的总裁，因为工作成绩杰出而被邀请到人民大会堂参加会议。在会上，他受到了国家领导人的亲切接见。

会议结束之后，因为企业里还有工作需要处理，所以他急着要赶回去。谁知，不凑巧的是，机票已经卖完了。情急之下，他只好买了一张火车的站票。从北京到企业所在的城市，坐火车要十多个小时，他就一路站着，颠簸着回去了。

关于这件事，有人问他："凭您这样的身份，一路挤火车还站着回来，不觉得很委屈自己吗？"

这位总裁听了之后，淡淡地笑着说："我有什么样的身份啊？在首都的人民大会堂，我的身份是一个参加会议的人；在拥挤的火车车厢里，我就是一个挤火车赶路的人；当我回到企业里，我也就只是一个管理者而已。生活中，有谁的身份能是固定不变的呢？我挤火车，又怎么能说是委屈呢？"

其实现实生活中，有很多人都放不下自己的身份。我们做人，最主要的就是要正确地看待自己，每个人都要学着别把自己看得太重。一个人无论官有多大、钱有多少，他都是社会中的一员。别人说句不好听的，只要你有容人的雅量，放下身份，别忘了自己的最终使命就行了。人生长路，有太多的不如意，退一步海阔天空，忍一时风平浪静。

我们每个人都希望别人尊重自己，春风得意，但我们不可能总活在掌声中。当我们受到别人嘲笑时，不要把自己看得太重，别妄自尊大，总是一副高高在上、盛气凌人的样子。把自己看得太重的人，就很少有和同事们处好关系的时候。因为他们在单位评职称、发奖金时，总是理所应当地认为自己应该得到最好的，一看到同事比自己好就会非常不满，对这个不高兴，对那个不满意。他们总以为自己才华横溢，是个多面手。想想看，这样一个只看到自己的人，在哪家公司、哪个企业能干得长久呢？

如果一个人在家里把自己看得很重，唯我独尊，那就很难和家人处理好关系。因为他在家里抱着“一切我说了算”的态度，就算听到合理的不同意见也死不悔改，甚至动不动就大发雷霆。如此一来，本来好好的一个家，就会被搞得支离破碎。

人一辈子能活多少天？就算能活 100 岁，也只不过 36500 天而已。昨天已经过去，明天非我们所能控制，而今天才是最重要的一天。人有怎样的心态就有什么样的人际关系。成为受欢迎的人的第一条件，就是把自己看轻点儿，接受别人，用一个宽容的心态善待别人。

人无完人，你不可能把所有的事都做好。尺有所短，寸有所长。当你感觉自己永远比别人好，把自己看得太重的时候，就是你感到痛苦的时候了。而聪明的人会把自己看轻点儿，用阳光般的心态，以一颗宽容的心去容忍别人、接受别人、善待别人。

把自己看低一点儿，不是自卑，而是一种谦逊；不是自弃，而是一种睿智。一个人虚心待己，才能得到周围人的真心接纳。一个人放低自己的身份，才能保有一颗平常之心，才能将世间的大好风光尽收眼底。

不要太在乎自己

在一所寺庙中,住着一位师父和三个徒弟。寺庙很安静,师徒四人每天都默默地做着自己的事情,从来不多说话。

一天,外出云游的师父又带了一个小和尚回来。从此以后,寺庙里不再像以前那样安静了。

小和尚的性格不同于他的三个师兄,他无论做什么事情,都想引起大家对自己的关注。他将厨房里的水缸挑满了水,就会去对师兄们说他挑了水;他将院子里打扫得干干净净,就会去对师兄们说自己扫了地;就连平时诵读完经文,他也会跑去对师兄们说自己念了经。小和尚原本想着,师兄们听到这些一定会夸奖自己,但是,师兄们听完总是什么话也不说。

一天,师父给了小和尚一件新衣服,他迫不及待地穿上了。然后,他跑到了大师兄那里,问道:“大师兄,你有没有觉得我今天看起来有点儿特别?”

大师兄正在厨房忙着劈柴,他似乎没有听见小和尚的话,仍旧专心地劈着手中的柴。

小和尚趁着大师兄捡拾木柴的时候，上前拉住大师兄的手说："大师兄，你看看我今天有什么特别之处？"

大师兄放下手里的木柴，看了小和尚一眼，摇摇头说："没看出来有什么特别。"

小和尚听了大师兄的回答，很不高兴，于是悻悻地走开了。接着他又决定去找二师兄。

这时候，二师兄正准备下山去挑水。小和尚赶忙追上去问："二师兄，你有没有觉得我今天看起来有点儿特别？"

二师兄依然挑着水桶默默地向前走着，没有理会小和尚的问话。见此情景，小和尚急忙快走两步拦住了二师兄，说道："二师兄，你看一下嘛。"

二师兄这才抬起头看了看小和尚，不过也摇摇头说："没觉得有什么特别。"说完就挑着水桶离开了。

小和尚看着身上崭新的衣服，更加不高兴了，他转身去禅房找正在那里念经的三师兄。

到了禅房，小和尚跪坐在三师兄身旁，问："三师兄，你发现我今天的特别了吗？"

三师兄没有回答，仍旧专心地看着面前的经书。小和尚伸手拿开经书，再一次问道："三师兄，你看看我今天是不是有点儿特别？"

三师兄边拿回经书，边看了小和尚一眼，回答说："没看出来有什么特别。"

三个师兄的回答，让小和尚穿上新衣服的那种高兴的心情变成了气愤。他实在太生气了，没想到三位师兄竟然都没有发现他今天穿了一件新衣服。没有引起他们的注意，更没有获得他们的称赞，那这件新衣服岂不是白穿了？

小和尚越想越觉得委屈，于是到了师父那里，垂头丧气地坐在一旁，一言不发。

师父看出了小和尚的不高兴，于是问道："你这是怎么了？"

小和尚回答："我今天穿了师父给我的新衣服，可是我那三个师兄竟然都没有注意到。"

师父听后笑着说："原来你是为了这个不高兴啊！师兄们都专注于自己的事情，哪里有心思注意你穿的新衣服呢？你不高兴，是因为你太在乎自己了。一个人，如果把自己看得太重要，那么得到的结果往往令人失望。"

小和尚恍然有所悟。

从此以后，小和尚也开始像师兄们那样，专心致志、默默地做自己的事情。他不再多说话，而是尽力把事情做到最好。很多年以后，小和尚当上了寺院的住持，他的修为远近闻名，而且寺院里的徒弟也越来越多了。这样的结果，是当年的他没有预料到的。

每个人都希望听到别人对自己的称赞，都希望得到别人的重视和欣赏，一旦得不到这些，就会变得不快乐。其实，这种不快乐是因为我们太过在乎自己。要明白，把眼光全部投向自己，才更容易让自己迷失于世人面前。

包容让心更大

农夫有两只水桶，其中一只是完整的，而另外一只桶的桶身却有一道长长的裂缝。农夫知道那个裂缝的存在，但他没有换掉那只水桶的打算，依然每天用这两只水桶去河边挑水。

每一次，农夫都会把两只水桶装得满满的，但是因为有一只桶有裂缝，所以每次到家的时候，这只桶就只剩下半桶水。

那只完好的水桶，每次都能够挑回来满满的一桶水，为此，它总是得意洋洋。而且，一有机会，它就会嘲笑并指责那只有裂缝的水桶。原本有裂缝的那只桶也一直因为自己的缺陷而耿耿于怀，每次看到主人辛辛苦苦挑回来却只剩下半桶的水，它越来越觉得自己已经不能够胜任这份挑水的工作了。在别人的嘲笑和自己的内疚当中，这只有裂缝的水桶又继续为主人工作了两年。

一天，挑完水回来，那只完整的水桶又开始嘲笑这只有裂缝的桶了："你这只没用的桶，每次就只能挑半桶水回来。"有裂缝的桶沉默地听着对方的指责，内心所受到的打击已经让它难以承受。

趁着主人走到旁边,它沮丧地说:“主人,两年以来我总是觉得很愧疚。因为我的裂缝的问题,每次从河边走到家里水都会漏得只剩下半桶,你还是换一只新桶吧!”

农夫没有答应这只桶提出的要求,而是提起它来到了挑水走的那条路上。农夫指着路边绽放的漂亮鲜花,对那只桶说:“你往这边看一下,这就是你的那一侧,是不是开了很多美丽的鲜花。”

有裂缝的水桶顺着农夫指的方向看过去,果然看到很多美丽的鲜花。

“我一开始就知道你有一条裂缝,所以我买了很多的花籽,洒在了你那一侧的路边。我每次挑水回来的时候,都通过你那条裂缝给它们浇水。因为水分充足,这些花才会生长得特别好。这些鲜花给我们的生活增添了美丽,从这里路过的很多人,都会摘一些鲜花来装扮自己的屋子,我也会采摘一些放在我的餐桌、客厅和卧室里。如果没有你所谓的‘缺陷’,我们怎么会有漂亮的鲜花来装饰我们的家呢?”农夫认真地说。

世界上本来就没有完美的人。我们每个人都有自己的缺点，就如同那只有裂缝的桶，也许到最后桶里只会剩下半桶水，但是只要你留心所走过的路就会发现，也许正是因为这些缺点和不足，在人生的路边才会多出美丽的鲜花。

另外，对待别人的缺点，我们应当像农夫那样，学会创造条件，将短处变为长处。

每一个人都应该有一颗包容之心，不但要包容别人，也要学会包容自己。用快乐和善良之心学会扬长避短，才是自己给自己最珍贵的礼物。

不必羡慕另一只鸟

有一种鸟叫鳄鸟，它们相当于鳄鱼的牙科医生。在众多水生动物中，鳄鱼是很凶猛的一种生物。但是，这种水中的猛兽却和鳄鸟是很好的一对朋友。每当鳄鱼经过一顿饱餐之后，鳄鸟都会飞到鳄鱼的嘴里边，一点点地啄去残存在鳄鱼牙缝里的碎肉。这样一来，它们不但帮助鳄鱼清洁了口腔，而且还获得了鳄鱼牙缝中的肉丝。

鳄鸟的这种举动被另外一种鸟给看见了。它想，为什么我不能和鳄鸟一样站在鳄鱼锋利的牙齿上唱歌、跳舞呢？那该是一件多么美妙的事情啊！

于是它鼓起勇气，飞到了鳄鱼锋利的牙齿上。但是遗憾的是，它还没有开始起舞，就被鳄鱼吞进了肚子。这只鸟至死也不明白，为什么鳄鸟可以在鳄鱼的嘴里钻进钻出，而自己就会被吃掉呢？

它根本就没有想到，鳄鸟是因为能够帮助鳄鱼清洁牙齿，才可以在鳄鱼的牙齿上跳舞，在它们的嘴巴里钻进钻出。鳄鱼和鳄鸟这种双赢的交易，是在双方默契的情况下进行的，这也正是死去的那只鸟所没有意识到的。

人其实也是一样，很多的时候因为没有意识到双赢交易的存在，也不懂得远离鳄鱼的嘴巴，结果白白送掉了自己的性命。

死去的鸟儿只看到鳄鸟在鳄鱼的牙齿之间跳上跳下，羡慕那种别样的风光，却没有注意到掩藏在风光之下的生存之道。要知道，所有的风光都没有表面看起来那么简单。风光背后的得失，只有身处其中的人才能够深切地体会到。

现实生活中，常常会有人陷入对“另一只鸟”的羡慕当中。但是，当一个人羡慕另一个人时，他不会知道，在风光的背后有多少艰辛与困难。

不要盲目地羡慕别人的生活，因为那种生活不一定适合你，你也不一定会明白别人的生存法则。我们不必去羡慕别人，只需要好好地做自己，在自己的天地里活得自在，凭借自己的双手去创造属于自己的广阔天地！

第六章

恬淡之境，心无外物

◎ 发现那些隐藏的温暖
◎ 品味人生淡之味
◎ 妖艳于外,清静于心
◎ 水泡项链

世间一切的苦乐，皆源自我们的内心。

如果对心念之中的欲望不加约束，我们生活之中的烦恼就会加重。

没有谁的生活能够事事如意，也没有谁的生命能够一路顺遂。

得到和失去，成功和失败，不过是人生之常事，又何必执着不放？

发现那些隐藏的温暖

有一个人，生活陷入了困境，日夜忧愁，每天晚上都难以成眠。

一天晚上，这个人不知怎么的竟然睡着了。睡着之后，他做了一个奇怪的梦。在梦里，这个人和菩萨并排走在海边的沙滩上。本来，他们谁都没有说话，只是平静地走着。突然，半空中划过一道闪电，这个人突然就回忆起了过去的点点滴滴。

原来，他之所以跟菩萨一块走，是因为菩萨答应了他，会在他遇到困难的时候伸手援助。但是，当这个人回过头去看他们走过的沙滩时，却发现了一个问题。在沙滩上，有时候是两双脚印，有时候却只有一双。那两双脚印，自然是他和身边的这位菩萨的，但却只会同时出现在他人生的顺境之时，而在他生命中最低潮、最困难的时候，却只有一双脚印留在沙滩上。

发现这一点后，这个人心里很不解，于是质问身边的菩萨："你当初答应我，会一直在我身边护持着我，当我遭遇困境的时候,你就会来帮助我。但是,当我回顾了过去却发现,在我人生最痛苦的时候,留在沙滩上的,只有一双脚印而已。你为什么不履行自己的承诺,在我最需要帮助和支持的时候却离我而去?"

菩萨安详平静地回答："我既然答应过你，就会永远在你身边，不会离开你，更不会在你需要我的时候离开。"

这个人听了之后更加不解了："那为什么在我遇到困难的时候，沙滩上就只剩一双脚印了？"

慈悲的菩萨仍旧很安详地说："在你最困难的时候，沙滩上之所以只有一双脚印，那是因为我在抱着你走。那留下的一双脚印是我的。"

我们总是会在困境中陷入茫然，感觉孤单无助，殊不知身边的亲友也一直在为我们担心忧虑，辛勤操劳。多一些豁达睿智，少一些自我哀怜，你会发现，即使身处困境，世界依然充满阳光。

品味人生淡之味

苏轼原来是一个朝廷大员，但因为政治原因，多次遭到外放，朋友们也都避之唯恐不及。但是，苏轼的一个名叫马梦得的朋友，却丝毫不怕受到他的连累，帮失意的苏轼夫妇申请了一块荒芜的山坡，让他们在那里生活居住。也正是因为如此，苏轼特意为自己取别号为"东坡"。

从那时起，苏轼就开始生活在这一片山坡上，忙的时候下地种田，闲的时候就坐在书桌前看书、写诗。有一天，苏轼写完诗，看着窗外的田园风光，忽然心想：我为什么一定要压倒别人呢？为什么不能让自己过磊落潇洒的人生呢？

当他想通了这些之后，他就放下了心中的那些郁闷不快。从此，他开始欣赏生命中的不同境遇。晚上，他会跑到黄州的夜市当中，和不相识的人喝酒言欢。在这里，没有人知道他曾经是朝廷大员，没有人知道他是一个著名的文人。后来，他给马梦得写信说："自喜渐不为人知。"曾经，他觉得自己是才子，天下的人都要尊敬他。但是，现在他落难了，却在这种艰难的生活中，学会了包容，学会了淡泊。

包容和淡泊,成了苏轼人生的另一种力量。

在品味过人生的酸甜苦辣之后,苏轼最终品出了一个“淡”字。淡,在人生当中很常见,它就像是饿的时候吃的一碗饭,渴的时候喝的一杯白开水,但却是人生当中最深沉的味道。当苏轼品味到了“淡”后,他开始感觉到生命中时常吹拂的清风,这些清风让他感觉到生活的舒爽。

其实,苏东坡应该感谢他在政治上的敌人。他不断被下放,每一次的下放都更加使他品尝到苦难的滋味,而写出的诗句就更有味道。当生命被纷繁复杂的欲望绑架的时候,是窒息而得不到放松的。当那些欲望被梳理清晰的时候,人们才可以找到自我。苏轼放下了那些于己无益的欲望,所以他才能找到自己的心,才能写出那些流传千古的诗句。

经历过人生的起伏,苏轼最终寻到了自己真正的追求。他抛弃了少年得志的轻狂,得到了自己生命沉淀的大美。这种大美,是在他平淡之后找到的自我。

“回首向来萧瑟处,也无风雨也无晴。”很多人都追求轰轰烈烈的生活,其实不知道,平淡之中才能发掘真正的自我。平淡能让人心静,在平静当中,人才能放下各种浮躁的情绪,才能享受生活。

妖艳于外，清静于心

从前，有一位痴情的年轻人，他的意中人跟一个富商私奔了。他忍受不了心中的痛楚，就在一座寺院里出了家。

这座寺院很有名气，每日的香客都络绎不绝。为了能够更好地接收香客们的布施，寺院的方丈不但接收他们捐赠的香火钱，还在寺院的空地上开辟了一块花圃，专门供前来上香的人在佛祖面前种植花草。

开辟花圃的地方，原来是一片荒芜的土地，长满了荒草。经过开垦，没过多长时间，这片地就变得生机盎然。来这里的香客，很多人手中都会捧着一棵花，虔诚地把它们种在花圃中，就像在佛前烧香一样恭敬。到了开花的季节，园子里的花草争奇斗艳，分外美丽。

僧人们也会经常给这些花浇水施肥，他们闻着花的香味，看着美丽的花朵和蹁跹在其中的蜂蝶，心情也变得十分舒畅。但是，这位刚出家的年轻人，却没有这份心情。他终日愁眉苦脸，唉声叹气,几乎从来就没有笑过。寺里的住持得知了这一情况,就问年轻人:“你看园子当中,大家都兴高采烈地去照看那些花,你为什么连看都不去看呢?”

年轻人忧愁地说:“住持师父,您看那园子里,杜鹃开得火红,牡丹很是鲜艳,甚至还有代表世俗情爱的玫瑰,实在是太不堪入目了!这原本是佛门圣地,怎么能让这些俗世的花草长在这里呢?这样一来,岂不是扰乱了众僧们的心性?”

住持听了年轻人的话,语重心长地对他说:“你说的不错,佛门是清净之地。但是,这里也有许多打扮得很妖艳的女施主前来,如果要说扰乱心性,那我们这座寺庙岂不是要关起门谢绝很多香客?我们修行,为的是磨练心性。如果能够做到心如磐石,那么即便是八风来袭,也能保持纹丝不动;但是如果心如柳絮,那么只要稍有一点儿气息,心性就能够飞出山门了。”

当天,住持就将年轻人赶出了寺庙。年轻人自然是不愿意离开,但是又不能违背师父的意思,于是便回到住处收拾自己的东西。虽然不理解住持的决定,但是年轻人觉得,世界这么大,不愁找不到自己住的地方。

下山之后,年轻人通过给别人干活,挣了一些钱,之后便又回到寺院所在的山脚下开了一个专门卖佛香的小商铺。因为这里的香客很多,他卖的佛香质量又好,所以没过几年,他就挣了一大笔钱。有了钱之后,他给自己置办了一处院子,并娶了一位漂亮的妻子。

他的这位妻子,不但人长得漂亮,而且还很有经济头脑。她看到许多人都自己从家里带着花草到寺院中种植，于是就与年轻人商量，将自家院子开辟成一个花圃，在里边栽种花草。因为他们家离寺庙近，花草能受到佛祖的灵气，所以一定会有很多人购买。

年轻人听从了妻子的建议，但是他对妻子提出要求：不能种植那些开得鲜艳的花朵，只能种植色彩清淡的花草。然而，还没等他全部说完，他的妻子就生气地说："我知道你曾经出过家，既然你这么虔诚，干嘛还要娶我为妻？你还是去继续当你的和尚吧！"

年轻人听妻子这么一说，顿时慌了手脚。这时，一位上山的香客正好到他们店里请香。香客听了二人的争辩后，说道："你们两位先不要急着争吵，听我说一件自己的事情。我是一个做药材生意的人，第一次来这座寺庙进香的时候，正好陷入生意的低谷期。当时的我，就连三炷香都请不起。但是，为了在佛前许愿，我只能点着了自己吃饭用的那双筷子。当时，与我同行的还有一位富商。他捐了一大笔钱给寺庙，但是最终却不但生意亏损，而且还给自己招来了牢狱之灾。因为我是一个正当商人，而他却是一个毒贩。寺院里的住持对我说，外表的妖艳繁华是无法掩盖内在实质的。一个人只要六根清净，就能够处处见到莲花开。"

听了香客的话，年轻人顿悟。再后来，年轻人又在店铺的旁边开了一家专门卖花草的店，店名就叫"六根清净"。有人从年轻人的花园里挖出花草，看到根部的污泥，打趣地对年轻人说："这么污浊的根，怎么能叫'六根清净'呢？"

年轻人回答说："人生的六根，不在花草的身上，而是存在于我们的心里。"

时光如飞梭，转瞬就已经走过了60个春秋。当年的年轻人已经成了一个须发皆白的老者，他的妻子也早已逝去。山上的那座寺庙，也已经换过了几届住持。但是，无论哪一位住持，都会告诉前来进香的香客，除了到寺院来烧香拜佛，一定也要去山下的花店中拜访那位孤身的老者。因为，山上的寺院中供奉的是“泥香佛”，而花店里那位智慧的老者却是“活佛”。

后来，这位活佛圆寂了。为了纪念他，人们将他的花店改建成了“六根寺”，并且成了人们上山进香的第一站。如果你现在去了六根寺，一定还能够见到放在大殿里的“活佛”手书——“妖艳于外，清净于心”。

生活当中，从厌恶地排斥到诚挚地接受，从无限地厌烦到无比地欢喜，周围的世界其实并没有改变，改变的只是我们的内心。只要心放宽了，我们的眼中就会充满美好；只要心变净了，生活中自然就有更多的空间去容纳理想和幸福了。

水泡项链

有一位财主，在他觉得此生无嗣的时候，他的妻子为他生了一个女儿。老财主对女儿很是疼爱，真可谓是“捧在手里怕丢了，含在嘴里怕化了”。小女孩长得很出众，平时也喜欢跟老财主撒娇。尽管小女孩有时候会提出一些无理的要求，但是老财主都会毫不犹豫地答应。

有一天，下了一场小雨，小女孩在雨后跑到了花园里。雨过天晴之后，阳光照在水池中的水泡上，泛起了绚烂的光彩。华美的水泡，深深地吸引住了女孩的目光，她觉得自己从来没有见过这么美好的东西。于是，小女孩对老财主说，她想要一条用水泡做成的项链。

可是世界上哪里有用水泡做成的项链呢？老财主虽然知道这个东西不可能存在，但是却舍不得让自己的女儿伤心，于是就试着做这种项链。几天过后，老财主仍未做出项链，于是女孩就生气地表示：如果做不出水泡项链，自己就永远不吃饭！

老财主老来得女，当然不想自己的宝贝女儿饿死。于是，焦急的老财主召集了城中的所有工匠。他表示，如果谁有办法将水池中的水泡做成项链，就一定重重酬谢。虽然工匠们对老财主开出的条件都很心动，但是都异口同声地对老财主说："水中的水泡，怎么可能被捞起来做成项链呢？"正当大家都觉得不可行的时候，一个老工匠却走出来说："这位老爷，如果您相信我的话，我一定会给您女儿一个满意的答案。"

老财主一听，心里高兴极了，于是叫来自己的女儿。小女孩见到老工匠，兴奋地问他："老人家，您真的能给我做一条水泡项链吗？"

老工匠笑笑说："小姐，请你跟我到水池边来，我们一起去做一条水泡项链。"

小女孩高兴地跟着老工匠走到水池边，那里已经挤满了人，大家都很好奇，老工匠将用什么办法给这位任性的小姐做出一条水泡项链。

到了水池边上，老工匠转身问旁边的小姐：“尊敬的小姐，水面上的水泡看起来确实很美丽，但是我想知道小姐想要把项链做成什么样式的。为了能做一条小姐喜欢的项链，请小姐将自己喜欢的那些水泡捞出来，让我来串成项链吧。”

小女孩点点头答应了，但是不管她怎么努力，水泡总是在她触及的那一刻就破灭了。当太阳将要收起自己的光芒的时候，小女孩终于领悟到，就算自己耗费再多的时间，这些水泡也是抓不到的。

在故事当中，小女孩宁愿舍弃自己的生命，也想要得到那些水中的泡影。而在现实生活中，我们又有多少人跟小女孩一样呢？为了一些本来就是泡影的东西，多少人丢掉了原本拥有的幸福？不执迷于虚幻的泡影，珍惜当下，才能发现身边的乐趣，真正享受生活。

第七章

心生恬淡，烦恼自无

- ◎ 最后一个苹果
- ◎ 撑着不死与好好活着
- ◎ 两个渔人
- ◎ 欲望容易引发牢骚
- ◎ 搬开压在心底的石头
- ◎ 不要握太紧

唐宋时,一些著名的禅师喜欢隐居在青峰翠岩之中,与枯藤老树相伴,并与其他禅师斗禅。这些禅师在一言一词之间、一举一动之中都暗藏玄机,无处可寻,又无处不在。

当然,这种生活所要达到的目标,不是物质上的清心寡欲,而是在参透人生哲理之后真正恬淡适意的生活。

最后一个苹果

“知足常乐”，是几乎每个人都知道的四个字；“珍惜拥有”，是很多人都明白的道理。但是细数来，真正能在生活中做到这八个字的人，实在是少之又少。有人曾说：道理，都是讲给别人听的。这话清楚地点出了世人的通病——当你去劝慰别人的时候，总是会像一个万理皆明的智者，但当事情真正发生在自己身上的时候，却往往会犹如堕入了混沌世界，看不清也想不通，理不顺也放不下。要知道，道理不只是用来说说而已的，它需要入心。

一个下着大雨的夜晚，玲玲坐在房间里翻看自己喜欢的小说。看到主人公在自家的果园里摘苹果的情节时，玲玲突然就有了吃苹果的欲望。她放下手里的书，走进厨房，打开冰箱门，却发现只剩下最后一个苹果了，还是小小的青青的一个。玲玲凝视着手里的苹果，想象着小说里对苹果的描写，顿时就没了胃口。她本想把手里的苹果再放回去，但是想吃苹果的渴望却又那么强烈。玲玲只好拿起这个小小的青苹果，唉声叹气地回自己房间。

经过客厅的时候，正在看电视的妈妈看到玲玲，问道："这么唉声叹气的，你是遇到什么烦心事了？"

"我想吃苹果了，可家里就只剩这么小小的一个，看着就没有胃口啊。"玲玲向妈妈展示了一下手中的苹果。

妈妈说："外边下那么大的雨，你有的吃就不错了。"

玲玲撇撇嘴说："可是这也太寒碜了吧。"

"孩子，你要珍惜已经拥有的东西，不要这山盼着那山高。那些你没有的、求不来的东西，想多了就只会给自己带来不快。有星星的时候看星星的闪烁，没有星星的时候就静听这窗外的雨声。就像现在这样，你没有其他的选择，手里拿到的这个苹果就是最好的。所以，就好好地享受它吧，何必为了暂时得不到的东西而影响当下的心情呢?”

听了妈妈语重心长的话，玲玲仿佛闻到了手中苹果的清香。

我们不能否定人们对物质的追求，因为就生活来说，有追求才会有进步。但是，在追求的道路上，我们要懂得把握已经得到的东西。春天赏百花，夏夜听虫鸣，秋日看硕果，冬时品雪景，眼前的景色如此美好，错过了多可惜。

撑着不死与好好活着

在一个大热天的中午，一个小和尚无意中发现，禅院里的花都被晒得无精打采。因为那些花是师父最喜欢的，于是他着急地挑了一桶水，准备浇花。

正在他要给花浇水的时候，老和尚恰巧路过。

老和尚说："别着急浇水。"

"都晒成这样了，还不快浇点水？"小和尚着急地说。

老和尚说："现在的阳光这么强烈，你若是浇上水，一冷一热，这花非死不可。你等晚上的时候再浇水吧。"

小和尚只好提着桶走了，他看看那些枯萎的花，心想这些花要是死了，师父一定又会责备自己。

傍晚时分，禅院里的花已经快要被晒成干草了。看到这样的情形，小和尚低声嘀咕说："不让我早点浇水，现在都晒成这样了。怎么可能再浇得活？"

"别嘀咕了，浇你的水吧！"老和尚对小和尚说道。

小和尚只好按照老和尚说的，给这些“干花”浇水。

谁知道，奇迹发生了，水浇下去没多久，那些花居然又渐渐地重新挺拔了起来，表现出一片生机勃勃的样子，和刚才的样子简直是天壤之别。

小和尚惊奇地喊道：“天哪！这些花可真厉害，能够忍受干旱，撑着不死。”

“它们不是撑着不死，是好好活着。”老和尚纠正说。

“撑着不死和好好活着有什么不同呢？”小和尚轻声问道。

“当然不同了。”老和尚回答说，“我问你，我今年八十多岁了，你看我是撑着不死呢，还是好好活着？”

小和尚一时间回答不出来。

老和尚说:“没关系,你去慢慢想吧。”

等到晚课结束的时候,老和尚来找小和尚问:“怎么样,我白天的问题,你想通了吗?”

小和尚摇了摇头说:“师父,我还是没有想通。”

老和尚笑着敲了一下小和尚的头说:“‘撑着不死’,说的是一天到晚怕死的人。而‘好好活着’,是每天都向前看的人。你说它们的区别在哪里?”

老和尚顿了顿,继续说:“人活在世界上,得到一天的寿命,就要好好地过一天。而如果在有限的生命里,不好好地活着,只是天天为了怕死而拜佛烧香,希望死后能够幸福,这样的人就是在浪费现在所拥有的每一天的生命。”

小和尚恍然大悟。

一个人,连今天都不知道好好过,不懂得珍惜,又怎么会得到更美好的明天呢?

两个渔人

在一个渔村里有两个年轻人,他们经常在一起打渔,是一对好朋友。然而,两个人的性情却大不相同。

他们用同样的工具,用同样的时间,体力和智力也都很接近,收获却很不一样。

甲是个非常勤奋的人。每次打渔,无论收获多么丰厚,他都不会满足。他总是告诉自己说:“下一次会更好。”就这样,甲总是对下一次收获充满希望,打渔的时候越来越努力,每次所网到的鱼也就越来越多。

乙却是个性情中人。他的精力似乎永远在其他方面,打渔好像只是他为了生活而做的一些点缀一样。虽说是与甲一起出去捕渔,但是大部分的时间里,乙都只是安静地坐在海边的礁石上,默默地欣赏着四周的风景。

甲每一次载着满满的一船鱼返回的时候,看见乙那可怜的收获,总会摇着头自言自语:“终日里浪费时间,不懂得去珍惜生命,这样下去，永远也别想得到幸福。”

而乙只是偶尔瞥一眼不停忙碌的甲说：“这样匆忙，生命里缺少了欣赏的人，幸福又从何谈起？”

时间很快过去，转眼之间五年已经过去了。五年来，勤快的甲将他的小网换成了大网，每天捕到的鱼都超过了之前每个月所捕到的。慢慢地甲开始变得有钱了，他盖了很好看的房子，娶了一个很漂亮的妻子，还有了一个可爱的儿子。为了让他的家庭生活得更幸福，甲更加卖命地打渔了。

而乙还是五年前的样子，每天只捕一网鱼，剩下的时间全部用在欣赏风景上。他们两个人因为性情不同，从最初的好朋友变成了陌生人。甲对于乙的做法，早已经视若无睹，认为自己的这个好朋友不是疯子就是傻子。而对于甲对自己的看法，乙却觉得无所谓，每天还是快乐无比。

又是五年过去了。甲有了更多的发展，他雇了三个帮手，又承包了一个船队。他的这个船队不但下海捕渔，还设置了专门的售卖点。甲的捕渔生意形成了规模，赚得的钱成百倍地增长。

到了这个时候，乙还是像十年前那样，过着平淡的生活。

看着乙仍过着如同十年前一样的清贫生活，甲生出几分怜悯，他经常会在家里备上一桌好酒好菜，邀请乙举杯共饮。每次喝到酣畅之时，甲都会劝乙好好打渔，过上富足的生活，但是乙只是含笑不语。而第二天，乙仍旧会坐在海边静静地欣赏风景。

又过了十年，甲已经成了当地的渔业巨头，富甲一方。那些出海打渔、回家售卖的事情，早就不用他亲自动手了。他每天做的，就是好好享受成果。

而乙还是一无所有地坐在海边欣赏自己的风景。

甲的生活除了享受之外，已经没有别的事情可以做了。刚开始，甲纵情地喝酒。但是酒是一个伤身的东西，甲的身体因为饮酒和早年的过度劳作而出现了各种各样的问题。

舍弃了酒瓶，甲又开始尝试其他的娱乐活动。然而由于身体的原因，他全身每一处关节，只要一运动就疼痛难忍。最后医生建议，让他每天坚持到海边静坐，吹吹海风，晒晒太阳。于是甲再次来到海边，但是这回不是捕鱼，而是欣赏远处的风景。

一直在海边欣赏风景的乙看到旁边的甲笑了笑，甲也对乙笑了笑。然后他们并排坐在那儿，共同眺望着远处的风景。

我们每个人都有不同的追求。有的人渴望生活富足、儿孙满堂，有的人却只要求自由自在、无拘无束。每个人对幸福的定义不同，不要随便以自己的标准去评判别人是否成功，因为即使有相似的终点，我们在不同的人生旅程中也都有各自不同的收获。

欲望容易引发牢骚

有个人听说在沙漠的深处藏有宝藏，于是就带了大量的食物和水，只身一人前去寻宝。可是沙漠太广阔了，数天过去后，这个人不但没有找到宝藏，而且还用完了所有的食物和水。没有了食物和水的支撑，他慢慢地失去了体力，被饥饿和焦渴折磨。最后，他只能静静地躺在沙漠中等待死亡。

他感觉到生命在一点一滴逐渐流逝。就在奄奄一息之时，他向上帝做了最后的祈祷："上帝啊，请你帮帮我这个可怜的人吧！"

这时，上帝真的出现了，问他："你想要什么呢？"

他急忙回答："请给我食物和水吧，就算只有很少的一点也可以，这样我就可以走出沙漠了！"

于是，上帝满足了他的要求，慷慨地给了他不少的食物和水。

吃饱喝足后，他看着剩下的食物和水，犹豫了片刻，决定继续向沙漠深处进发。最终，他找到了宝藏，贪婪地把财宝装满身上所有的口袋。

可是，等到他背着这些宝藏往回走的时候，他的食物和水已经不够了。为了支撑自己走出沙漠，他每天喝少量的水，吃少量的食物，但是体力还是不断地下降，于是他不得不扔掉身上的一些宝物。他一边走一边扔，可是等到他把身上的宝物扔完的时候，食物和水还是用完了。最终，他又一次面临死亡的困境。

这时候，他想起了帮助过他的上帝，于是再次向上帝祈求。但是，一天天过去了，上帝始终没有出现。夜晚降临了，他看着无边蔓延的黑夜，听着自己逐渐变得艰难的呼吸声，陷入了深深的后悔当中，情不自禁地哭了起来。

就在这个时候，上帝突然再次出现在他的面前，问他："你还想要那些价值连城的财宝吗？"

这个奄奄一息的人慌忙回答："我再也不想要什么宝藏了，我现在只想要足够的食物和水，赶快走出这个沙漠！"

就像故事中的寻宝人一样，生活中，幸福和快乐有时并没有华丽的外衣，以至于人们常常会忽略身边的幸福。人生的旅途中，人们经常会去追逐表面的浮华，却在不知不觉中失去了真正的快乐。只有克服各种纷繁的执念，把握自己真实的追求，才能得到最终的成功。

搬开压在心底的石头

有一位女心理老师，组织了一个心理小组。这个小组会定期举办活动，每次活动的时候，这位气质优雅、待人平和的女老师都会用自己独特的方法，教给大家一种人生的哲理，引导大家用正确的心态去对待自己的生活和生命。

心理小组的活动地点每一次都不相同，这一次，女老师把活动地点选在了一个雅致的书屋里。书屋里的摆设，既精心又别致。木质的墙壁上，悬挂着一些充满诗意的照片和散发着香味的藏书票，以及一些写满了各种哲理的小便签。周围的书架是木头制成的，上面摆满了各种书籍。大厅里放着沙发，古色古香。窗台上摆放着几盆兰花，还养了一小缸金鱼。参与活动的几个人，看到这种景象，心里一下子就变得开阔了。

等到大家都坐定，这位女老师拿了一张纸板，在纸板上用笔画了一个圆，并在纸的下边写下“石头”两个字。她把这张纸拿给大家看，并对大家说：“我们今天的活动很简单，就请大家讲一些和石头有关的事物。大家可以自由地去联想、去想象，没有限制。”

心理小组的成员们，职业都不相同，年龄也不同，但是大家都按照女老师的话，静静地去想有关石头的事情了。

过了一会儿，女老师打破了沉静，她开口问道：“现在，谁愿意跟大家分享一下自己想到的事情?”

一位男士迫不及待地站了起来，对大家说：“今天路上的车真多啊！早上我过来的时候，在路上堵车堵了很长时间，总怕耽误了今天的活动。幸好终于在约定的时间赶上了，我心里的这块石头终于落地了。”他说完，不自觉地松了一口气。

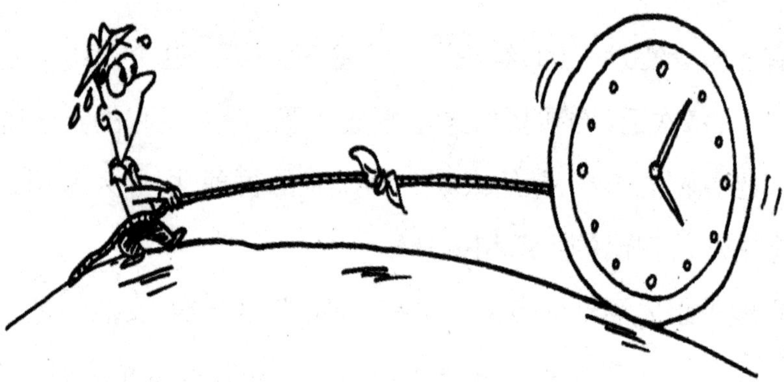

女老师听完，拿起笔在刚才写的“石头”旁边标出了一个箭头，然后写下：“担心迟到就是心里的石头。”

接着，另一位穿着整齐的男士站了起来，疲累地说：“就在昨天，公司的领导给我下达了下一季度的工作任务。看着那个任务量，我感觉老板一定是想炒我的鱿鱼。这任务不仅量大，而且还要保证完成，哪是正常的工作啊！我现在想想都觉得一块石头压在心头。”

女老师听后，又拿起笔在旁边写下了“工作压力就是心里的石头”几个字。

随后，接下来的几位活动成员也都相继发了言，在与“石头”有关的事物上展开了自己的联想，但无非都是一些由工作、生活中的不如意引起的如同被石头压着的“不能承受之重”的感觉。但唯独一个20多岁的女孩说：“我时常在假期的时候去海边，或者去附近的山上，拣一些石头回来。它们都有着美丽的花纹和独特的形状，我收藏了一大抽屉。这个假期我还要去南京，收集雨花石。”

她说话的诗意与房间的优雅氛围是那样融洽。一开始见面的时候，大家就都注意到了她，她是一个面部40%烧伤的女孩。

那天回去的路上，这位女老师没有赶着去参加各种场合的见面会。而是第一次认真地去公司附近的文化公园散了会儿步，在小书摊上淘了两本自己喜欢的老书。她逐渐感到心里的踏实和富足，这是多么美妙的生活，而一开始很多人却对它熟视无睹。

你心里也天天被石头压着吗？学会释放压力，你就会变得轻松起来。在忙碌的生活中，试着去解放自己的想象力，你会发现平和开阔的悠闲其实就在身边。

不要握太紧

一座山上有很多的动物，山脚下住了一个猎人。为了生计，猎人经常到山上去打猎，然后拿猎物换钱，买一些日常用品。

一天傍晚，猎人在山上捉到了一只小鹿。这只鹿通体雪白，眼睛看起来闪闪发亮，很是可爱。猎人看到这只鹿，喜欢得不得了，于是决定把它抱回家好好喂养。

回到家里，猎人把小白鹿轻轻地放在自己的床上，温柔地抚摸它的毛发，还与它说话交流。晚上，猎人担心小白鹿会冷，又给它盖上了厚厚的棉被，并把家里最好的食物放在小白鹿面前。他倾注了自己所有的关心，希望小鹿能享受到自己给予它的温情。

但是，小白鹿却不领情。它一直颤抖地盯着在自己面前晃动的猎人，静静地卧在床上，不喝也不吃，只是不断地流着眼泪。

猎人不解地问：“我对你这么好，你为什么还哭呢？你要知道，我是很爱你的啊！”

小白鹿这时候开始说话了：“可是这不是我该生活的地方，我从小生长在森林里，我的心也一直都在那里。”

“你可以慢慢习惯这里，把这里当成自己的家。”猎人建议说。

“但是我的爸爸、妈妈都在森林里，那里才是我的家。”小白鹿答道。

“我可以给你创造很多的快乐！”猎人着急地说。

小白鹿却不为所动，它哭着哀求猎人：“有家的地方才有快乐，求你放我回去吧！”

但是猎人太舍不得小白鹿了，所以不管它如何哀求，猎人都没有送它回去。很多天过去了，小白鹿越来越瘦。看着日渐憔悴的小白鹿，无奈的猎人最终决定把它放回森林。

他把小白鹿带到山上，伤心地说："你这只小鹿真是冷酷无情。我日夜精心地照料你，几乎付出了整颗心，但是你却不懂得回报，一丝一毫的感激都没有。你不是想回去吗？那么你走吧，如你的愿了！"

猎人一放开手，小白鹿就飞快地跑进了树林。

一年过去了。一天晚上，猎人正在睡觉的时候，突然听见院子里有动静，于是起床出去查看。当他推开房间的门时，发现院子里站着一只白鹿。猎人很快就认出来它是自己一年前放走的那只小鹿，便开口问道："原来是你这只小白鹿，我不是已经放你走了吗？你还回来做什么呢？"

白鹿回答说："我回来看你。"

"你已经回到爸爸、妈妈身边了。你拥有你自己的快乐和幸福，还回来看我干什么呢？"猎人继续问。

"如果不是你放我走，我不会有现在的幸福和快乐。我现在的生活都是你给的，我怎么能忘记你呢？"白鹿感激地说。

猎人听后伤感地说："你走吧，只要你过得快乐，生活得幸福就行，以后也不用再来看我了。"

于是，白鹿转过身，依依不舍地离开了猎人的家。

但是两个月之后，白鹿又来到了猎人的家里。

"你怎么又来了？"猎人不解地问。

白鹿说："自从上次见了你，你让我离开之后，我发现自己更加忘不了你了。"

猎人自嘲地笑了："多么奇怪的事啊！当我想要拥有你的时候，你疏离我，恨不得马上就离开我；但是，我真正让你离开了，你却让我拥有了你。"

当我们握紧手里的流沙时，往往越是用力，流失的越多。生活中亦如此，很多"得不到"的烦恼，是因为我们"握太紧"。当我们懂得松开自己的双手时，得到的反而会更多。